Zuordnungen und ihre Darstellungen

Zu Seite 1

1

Name	Wohnort
Mila Pia Sara Elias	Baumberg
Anna Noah Felix	Holzheim
Jonas Ben Leon	Neurath
Hanna Clara	Obertal

2

Name	Verkehrsmittel
Anna	Omnibus
Ben	Fahrrad
Clara	zu Fuß
Elias	Omnibus
Felix	Fahrrad
Hanna	zu Fuß
Jonas	Omnibus
Leon	Fahrrad
Mila	Fahrrad
Noah	Fahrrad
Pia	zu Fuß
Sara	Omnibus

3

Note	1	2	3	4
absolute Häufigkeit	1	4	4	3

Zu Seite 2

4

Anzahl	1	2	3	4
Preis (€)	0,80	1,60	2,40	3,20

Anzahl	5	6	7	8
Preis (€)	4,00	4,80	5,60	6,40

5 a)

Anzahl	1	2	3	4
Preis (€)	0,30	0,60	0,90	1,20

Anzahl	5	6	7	8
Preis (€)	1,50	1,80	2,10	2,40

Lösungen

b)
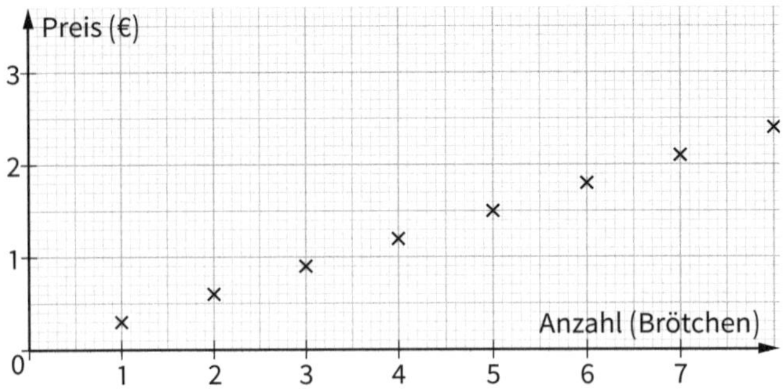

6

Masse (g)	50	100	150	200
Preis (€)	0,50	1,00	1,50	2,00

Masse (g)	250	300	350	400
Preis (€)	2,50	3,00	3,50	4,00

7 a)

Masse (kg)	0	1	2	3
Preis (€)	0	50	100	150

Masse (kg)	4	5	6	7
Preis (€)	200	250	300	350

b)
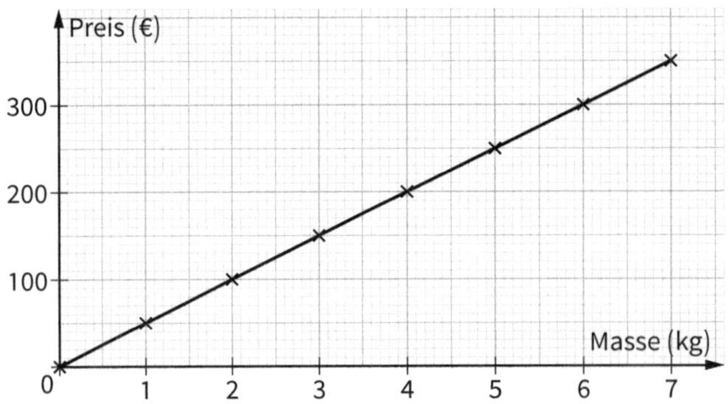

Zu Seite 3

8

Uhrzeit	2.00	4.00	6.00	8.00	10.00	12.00	14.00
Temperatur (°C)	1	1	2	5	11	14	15
Uhrzeit	16.00	18.00	20.00	22.00	24.00		
Temperatur (°C)	12	9	6	3	1		

9
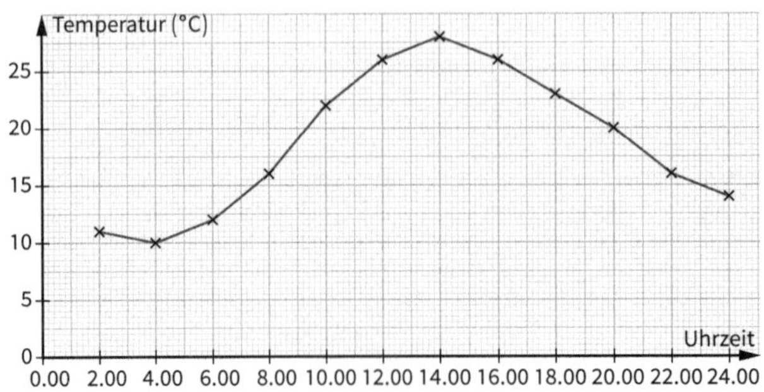

10 1. Grafik: Gefäß C
2. Grafik: Gefäß A
3. Grafik: Gefäß B

Proportionale Zuordnungen

Zu Seite 4

1 a)

Anzahl Flaschen	Preis (€)
2	1,20
4	2,40
6	3,60
8	4,80

b)

Anzahl Kopien	Preis (€)
12	2,40
6	1,20
4	0,80
3	0,60

2 a)

Masse (kg)	Preis (€)
2	1,50
4	3,00
6	4,50
8	6,00

b)

Masse (g)	Preis (€)
1 000	16,00
500	8,00
250	4,00
100	1,60

c)

Anzahl	Preis (€)
12	18,00
4	6,00
3	4,50
2	3,00

d)

Masse (kg)	Preis (€)
3	7
9	21
15	35
21	49

e)

Masse (g)	Preis (€)
2 400	36
800	12
400	6
200	3

f)

Anzahl	Preis (€)
48	24
6	3
8	4
12	6

3 a)

	Anzahl	Preis (€)	
	3	1,20	
·2	6	2,40	·2
·3	9	3,60	·3

proportional

b)

	Anzahl	Preis (€)	
	24	7,20	
:2	12	3,60	:2
:3	8	2,40	:3

proportional

c)

	Anzahl	Preis (€)	
	5	3,00	
·2	10	5,00	$\cdot 1,\overline{6}$
·4	20	9,00	·3

nicht proportional

Zu Seite 5

4 a)

Masse (kg)	Preis (€)
2	5
4	10
6	15

b)

Masse (g)	Preis (€)
1 200	6
600	3
400	2

c)

Anzahl	Preis (€)
12	10,80
4	3,60
3	2,70

d)

Masse (kg)	Preis (€)
2,5	4,90
7,5	14,70
12,5	24,50

e)

Masse (g)	Preis (€)
2 400	6,60
800	2,20
400	1,10

f)

Anzahl	Preis (€)
48	14,40
6	1,80
8	2,40

Lösungen

5 a)

Masse (kg)	Preis (€)
2	1,20
4	2,40
6	3,60
8	4,80
1	0,60
3	1,80

b)

Masse (g)	Preis (€)
1800	5,40
900	2,70
600	1,80
300	0,90
100	0,30
500	1,50

c)

Anzahl	Preis (€)
24	4,80
12	2,40
8	1,60
4	0,80
1	0,20
7	1,40

6 a)

Brötchen	Preis (€)
6	2,40
3	1,20
2	0,80
1	0,40
4	1,60
9	3,60
5	2,00

b)

Masse (kg)	Preis (€)
4	7,20
2	3,60
1	1,80
6	10,80
5	9,00
3	5,40

Graphen proportionaler Zuordnungen

Zu Seite 6

1 a)

Masse (g)	Preis (€)
400	2,00
200	1,00
100	0,50
600	3,00
500	2,50
700	3,50

b)/c)

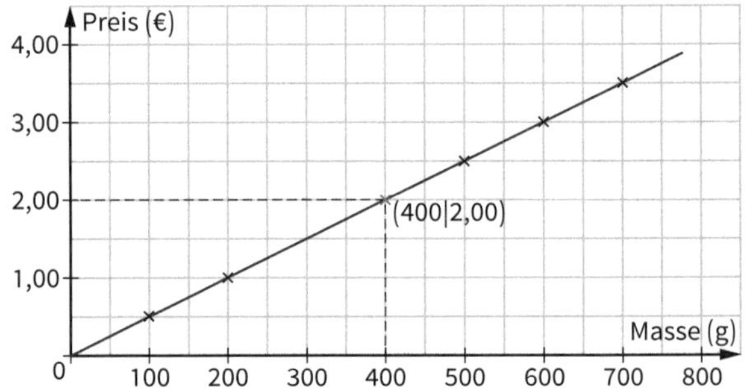

2 a)

Glas

Vol. (dm^3)	Masse (kg)
2,5	5,5
0,5	1,1
1,0	2,2
1,5	3,3
2,0	4,4

Granit

Vol. (dm^3)	Masse (kg)
2,5	7,0
0,5	1,4
1,0	2,8
1,5	4,2
2,0	5,6

b)

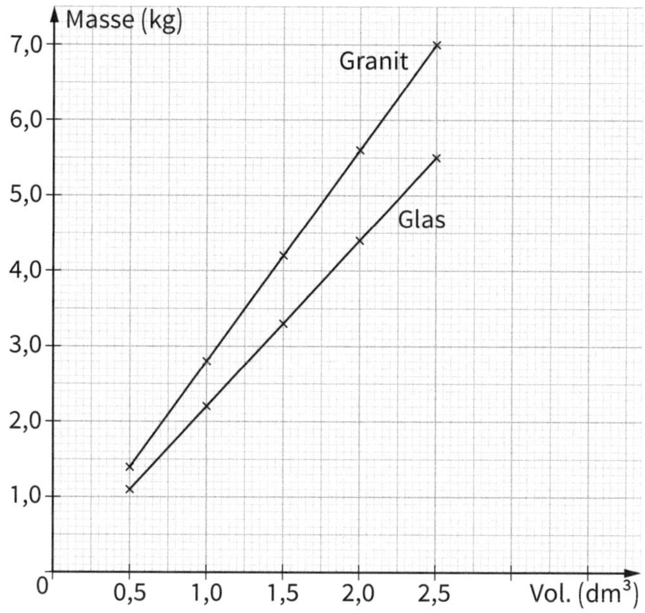

3

Kraftstoffmenge (l)	50	10	20	30	40	5	15	25	35	45
Fahrstrecke (km)	600	120	240	360	480	60	180	300	420	540

Der Dreisatz bei proportionalen Zuordnungen

Zu Seite 7

1

Anzahl Päckchen	Preis (€)
3	1,20
1	0,40
5	2,00

Fünf Päckchen kosten 2,00 €.

2 a)

Masse (kg)	Preis (€)
3	15
1	5
5	25

b)

Anzahl	Preis (€)
9	4,50
1	0,50
13	6,50

c)

Volumen (cm^3)	Preis (€)
14	42
1	3
11	33

3

Anzahl	Preis (€)
7	6,30
1	0,90
4	3,60
3	2,70

Lukas bezahlt 3,60 € und Vanessa 2,70 €.

Lösungen

4

Anzahl	Preis (€)
12	7,20
1	0,60
7	4,20
5	3,00

Patrick bezahlt 4,20 € und Miriam 3,00 €.

5

Arbeitszeit (h)	Preis (€)
7	280
1	40
11	440

Er muss 440 € zahlen.

6

Zeit (h)	Strecke (km)
2,5	200
1	80
3,5	280

Bei gleicher Geschwindigkeit kann sie 280 km fahren.

Antiproportionale Zuordnungen

Zu Seite 8

1 a)

Anzahl Drahtstücke	Länge (cm)
3	300
6	150
9	100

b)

Anzahl Maurer	benötigte Zeit (d)
12	25
6	50
4	75
3	100

2 a)

Anzahl	Länge (cm)
2	1,80
4	0,90
6	0,60
8	0,45

b)

Länge (m)	Breite (m)
120	16
60	32
40	48
30	64

c)

Anzahl	Zeit (d)
12	18
4	54
3	72
24	9

d)

Länge (m)	Breite (m)
15	35
5	105
3	175
25	21

e)

Anzahl	Länge (cm)
18	26
36	13
9	52
12	39

f)

Anzahl	Zeit (d)
9	20
3	60
18	10
15	12

3 a) antiproportional; linke Spalte: man multipliziert mit 2 und 3, rechte Spalte: man teilt durch 2 und durch 3
b) nicht antiproportional
c) antiproportional; linke Spalte: man multipliziert mit 2 und 3, rechte Spalte: man teilt durch 2 und durch 3

Zu Seite 9

4 a)

Anzahl	Länge (cm)
60	2
30	4
15	8

b)

Länge (m)	Breite (m)
18	66
36	33
54	22

c)

Anzahl	Zeit (Tage)
12	24
3	96
2	144

d)

Anzahl	Länge (cm)
2	120
10	24
24	10

e)

Länge (m)	Breite (m)
5,0	6,4
2,5	12,8
10,0	3,2

f)

Anzahl	Zeit (Tage)
9	54
3	162
6	81

5 a)

Anzahl Stücke	Stücklänge (m)
2	12
4	6
6	4
8	3
1	24
3	8

b)

Anzahl Arbeiter	Dauer (d)
12	6
6	12
4	18
3	24
1	72
8	9

c)

Länge (m)	Breite (m)
2,40	4,00
1,20	8,00
0,80	12,00
0,40	24,00
1,00	9,60
4,00	2,40

6 a)

Anzahl Arbeiter	Arbeitstage
6	8
3	16
2	24
1	48
4	12

b)

Länge (cm)	Breite (cm)
30	24
60	12
120	6
15	48
10	72

Der Dreisatz bei antiproportionalen Zuordnungen

Zu Seite 10

1

Anzahl Arbeiter	Zeit (d)
6	4
1	24
8	3

Sie benötigen 3 Tage.

Lösungen

2 a)

Anzahl	Zeit (d)
6	10
1	60
5	12

b)

Länge (m)	Breite (m)
9	8
1	72
4	18

c)

Länge (m)	Breite (m)
14	15
1	210
21	10

3

Anzahl Tage	Urlaubsgeld pro Tag (€)
10	7,00
1	70,00
14	5,00

Lara kann 5,00 € pro Tag ausgeben.

4

Länge des Streifens (cm)	Anzahl Streifen
4	50
1	200
10	20

Man erhält 20 Streifen.

5 a) Das Fahrzeug kann 700 km fahren.
b) Es benötigt 2 h und 30 min.

Sachaufgaben mit dem Dreisatz lösen

Zu Seite 11

1 a) Die Zuordnung ist proportional (alle Antworten „ja").
b)

Strecke (km)	Zeit (min
6	24
1	4
11	44

Arne benötigt 44 Minuten.

2 a) Die Zuordnung ist antiproportional (alle Antworten „ja").
b)

Verbrauch (l)	Strecke (km)
6	720
1	4320
8	540

Florian kann 540 km fahren.

3 a) zu 1: Flugzeit → Verbrauch, zu 2 und 3: beide Antworten „ja" → proportionale Zuordnung
b) Es werden 960 Liter verbraucht.

Zu Seite 12

4 zu 4: antiproportionale Zuordnung
Jede Person muss 400 Flyer verteilen.

5 zu 1: Volumen → Masse
zu 2: je mehr Volumen, desto mehr Masse
zu 3: das Doppelte wird dem Doppelten zugeordnet
zu 4: proportional
Der Glaskörper ist 250 g schwer.

6 zu 1: Gewicht eines Pakets → Anzahl der Portionen
zu 2: je mehr Gewicht pro Paket, desto weniger Portionen
zu 3: das Doppelte wird der Hälfte zugeordnet
zu 4: antiproportional
Man hätte 72 Portionen erhalten.

Zu Seite 13

7 Anzahl der Fliesenleger → Arbeitstage
antiproportional
Sie benötigen drei Tage.

8 Strecke auf der Karte → Strecke in der Realität
proportional
Die Strecke ist 16,5 km lang.

9 Anzahl der Personen → Preis
antiproportional
Jede muss 1,95 € bezahlen.

10 Arbeitsstunden → Preis
proportional
Er muss 448 € bezahlen.

11 Fläche → Setzlinge
proportional
Es werden 336 Setzlinge benötigt.

12 Durchschnittsgeschwindigkeit → Zeit
antiproportional
Er benötigt 25 Minuten.

Lösungen

AUSGANGSTEST 1 – Zuordnungen: Auswertung

Kreuze deine richtigen Ergebnisse an.

Zu Seite 14

1

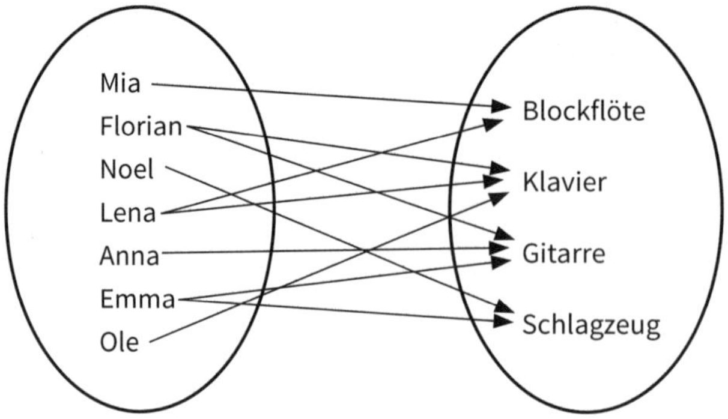

☐

2 a)

Anzahl	Preis (€)
1	0,80
2	1,60
3	2,40

☐

b)

Anzahl	Preis (€)
3	1,50
6	3,00
15	7,50

☐

c)

Anzahl	Preis (€)
12	4,80
6	2,40
4	1,60

☐

d)

Anzahl	Preis (€)
7	42,00
1	6,00
5	30,00

☐

e)

Anzahl	Preis (€)
8	56,00
1	7,00
3	21,00

☐

f)

Anzahl	Preis (€)
30	15,00
10	5,00
70	35,00

☐

3 a)

Anzahl	Preis (€)
2	0,80
3	1,20
4	1,60
5	2,00
10	4,00
14	5,60

☐

b)

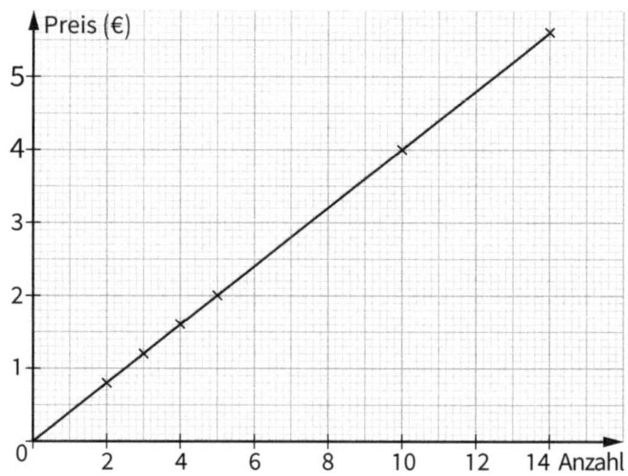

Antwort: Alle Wertepaare liegen auf einer Geraden.

☐

Lösungen

Zu Seite 15

4 a)

Anzahl Arbeiter	Zeit (Tage)
4	3
2	6
1	12

☐

b)

Anzahl Arbeiter	Zeit (Tage)
12	5
6	10
4	15

☐

c)

Anzahl Arbeiter	Zeit (Tage)
2	24
6	8
8	6

☐

d)

Anzahl Arbeiter	Zeit (Tage)
5	14
1	70
7	10

☐

e)

Anzahl Arbeiter	Zeit (Tage)
8	6
1	48
3	16

☐

f)

Anzahl Arbeiter	Zeit (Tage)
10	8
1	80
4	20

☐

5 Der Bauplatz kostet 77 000 €. ☐

6 Er ist 25 m lang. ☐

7 Frau Fritsch legt in einer Stunde eine 48 km lange Strecke zurück. ☐

8 Bei einer Länge von 40 cm erhält man 25 Stücke. ☐

Ich kann …	Aufgabe	Hilfen und Aufgaben im Lehrbuch
Zuordnungen im Pfeildiagramm darstellen.	1	Seite 8
proportionale und antiproportionale Zuordnungen im Koordinatensystem darstellen.	3 b	Seite 13, 21, 27, 31
die Eigenschaften proportionaler und antiproportionaler Zuordnungen zur Lösung von Sachaufgaben anwenden.	2 a – 2 c, 3 a, 4 a – 4 c	Seite 11, 12, 17, 18, 28 – 30
einfache Dreisatzverfahren zur Lösung von Sachaufgaben anwenden.	2 d – 2 f, 4 d – 4 f, 5 – 8	Seite 14, 19, 22, 23, 28 – 30

Lösungen

Brüche multiplizieren

Zu Seite 16

1 a) $\frac{1}{6} \cdot 5 = \frac{5}{6}$ b) $\frac{2}{9} \cdot 4 = \frac{8}{9}$ c) $\frac{1}{8} \cdot 2 = \frac{2}{8}$ d) $\frac{1}{4} \cdot 4 = \frac{4}{4} = 1$ e) $\frac{1}{9} \cdot 7 = \frac{7}{9}$

2 I

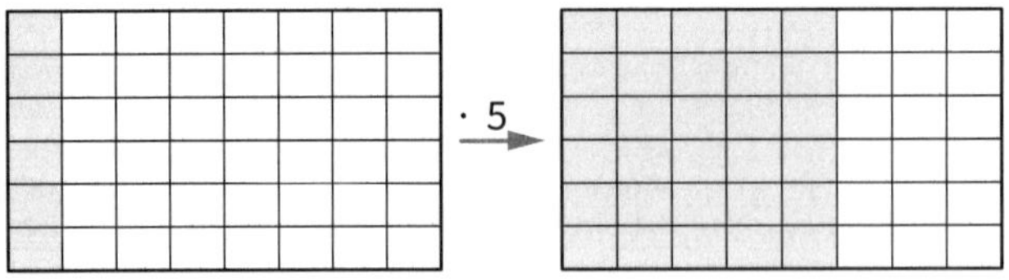

$\frac{1}{8} \cdot 5 = \frac{5}{8}$

II

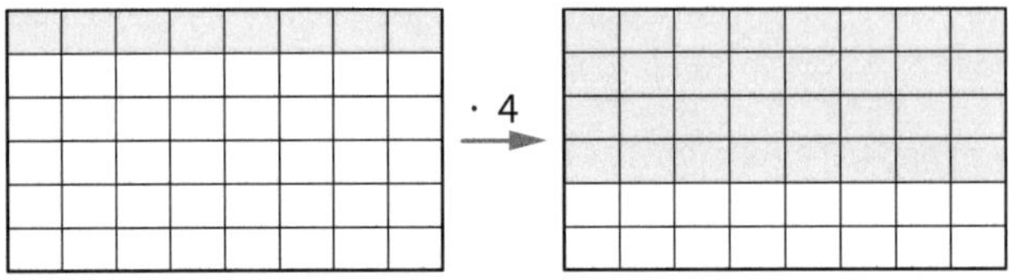

$\frac{1}{6} \cdot 4 = \frac{4}{6}$

3 a) $\frac{6}{7}$ b) $\frac{3}{5}$ c) $\frac{12}{13}$ d) $\frac{12}{25}$ e) $\frac{15}{15} = 1$

4 a) $1\frac{1}{5}$ b) $1\frac{3}{5}$ c) $1\frac{1}{7}$ d) $3\frac{9}{11}$

5 a) Zeilen: $\frac{1}{3}$ Spalten: $\frac{1}{4}$ Ergebnis: $\frac{1}{12}$

b) Zeilen: $\frac{1}{2}$ Spalten: $\frac{5}{8}$ Ergebnis: $\frac{5}{16}$

c) Zeilen: $\frac{3}{5}$ Spalten: $\frac{3}{4}$ Ergebnis: $\frac{9}{20}$

Zu Seite 17

6 a) $\frac{1}{2}$ b) $\frac{1}{4}$ c) $\frac{21}{32}$ d) $\frac{1}{2}$ e) $\frac{1}{2}$ f) $\frac{2}{15}$

g) $\frac{2}{21}$ h) $\frac{1}{10}$ i) $\frac{1}{12}$

7 a) $\frac{3}{11}$ b) $\frac{1}{10}$ c) $\frac{1}{21}$ d) $\frac{3}{14}$ e) $\frac{8}{9}$ f) $\frac{1}{20}$

g) $\frac{7}{24}$ h) $\frac{2}{45}$ i) $\frac{24}{35}$ k) $\frac{11}{20}$ l) $\frac{72}{175}$ m) $\frac{5}{18}$

8 a) $6\frac{3}{4}$, $6\frac{2}{3}$, $25\frac{1}{2}$

b) $10\frac{1}{2}$, $7\frac{1}{2}$, $6\frac{2}{3}$

c) 51, $7\frac{1}{5}$, $3\frac{1}{3}$

9 a)

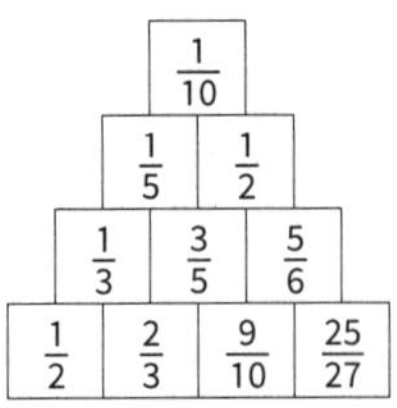

b)

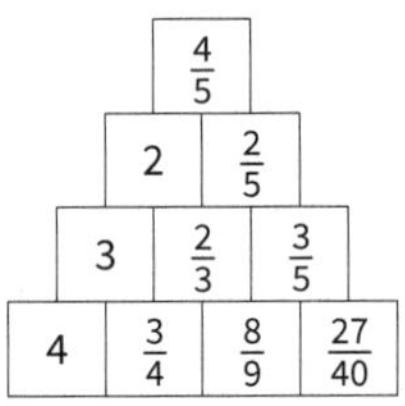

c)

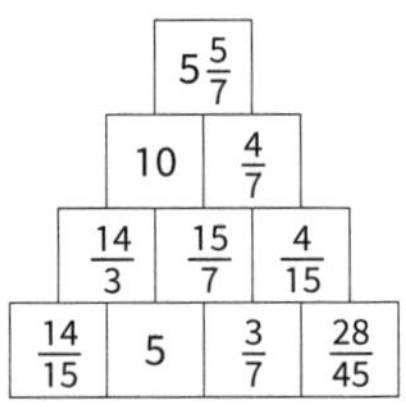

Bruchteile berechnen

Zu Seite 18

1 a) $\frac{1}{15}$ b) $\frac{4}{9}$; $\frac{2}{3}$ von $\frac{4}{9}$ sind $\frac{8}{27}$.

2 a) $\frac{6}{35}$ b) $\frac{5}{24}$ c) $\frac{3}{28}$ d) $\frac{3}{10}$ e) $\frac{1}{3}$ f) $\frac{2}{3}$

3 a) $3\frac{1}{5}$ b) $1\frac{1}{2}$ c) $16\frac{1}{2}$ d) $4\frac{2}{3}$ e) $7\frac{1}{2}$ f) $10\frac{1}{2}$

4 mit dem Pkw: $\frac{1}{6}$

zu Fuß	mit dem Fahrrad	mit dem Bus	mit dem Pkw
140	350	210	140

Brüche durch natürliche Zahlen dividieren

Zu Seite 19

1 a) $\frac{1}{8}$ b) $\frac{1}{9}$ c) $\frac{3}{16}$

2 a) $\frac{5}{8} : 2 = \frac{5}{16}$ b) $\frac{4}{7} : 3 = \frac{4}{21}$ c) $\frac{5}{6} : 4 = \frac{5}{24}$

d) $\frac{1}{4} : 3 = \frac{1}{12}$ e) $\frac{5}{6} : 2 = \frac{5}{12}$ f) $\frac{2}{5} : 3 = \frac{2}{15}$

3 a) $\frac{1}{12}$ b) $\frac{3}{22}$ c) $\frac{1}{14}$ d) $\frac{5}{21}$ e) $\frac{1}{7}$ f) $\frac{1}{12}$

g) $\frac{5}{63}$ h) $\frac{7}{50}$ i) $\frac{3}{64}$

4 a) $\frac{4}{7}$ b) $\frac{12}{17}$ c) $\frac{18}{25}$ d) $\frac{10}{11}$ e) $\frac{7}{12}$

5 a) $\frac{6}{8} : 2 = \frac{6}{8} \cdot \frac{1}{2} = \frac{3}{8} \cdot \frac{1}{1} = \frac{3}{8}$ b) richtig c) $\frac{2}{8} : 4 = \frac{2}{8} \cdot \frac{1}{4} = \frac{1}{8} \cdot \frac{1}{2} = \frac{1}{16}$

Durch Brüche dividieren

Zu Seite 20

1 a) $\frac{4}{3}$ b) $\frac{6}{5}$ c) 2 d) $\frac{1}{2}$ e) 3 f) $\frac{1}{3}$

2 a) $\frac{14}{45}$ b) $\frac{16}{77}$ c) $\frac{2}{3}$ d) $\frac{15}{22}$ e) $\frac{35}{78}$ f) $1\frac{1}{6}$

g) $\frac{18}{35}$ h) $\frac{88}{105}$ i) $\frac{7}{18}$ j) $\frac{20}{27}$ k) $\frac{33}{35}$ l) $\frac{34}{63}$

3 a) $\frac{2}{3}$ b) $\frac{11}{20}$ c) $1\frac{1}{7}$ d) $\frac{3}{4}$ e) $\frac{2}{3}$ f) $\frac{1}{2}$

4 a) 18 b) 52 c) 14 d) $\frac{1}{45}$

5

$\frac{1}{9}$	$3\frac{1}{2}$
$\frac{3}{4}$	$\frac{1}{9}$
$\frac{6}{7}$	$\frac{6}{7}$
$3\frac{1}{2}$	$\frac{3}{4}$

Lösungen

Sachaufgaben

Zu Seite 21

1 Das sind 9 Liter Orangensaft.

2 Sie gibt 3 € für Hefte und 5 € für Süßigkeiten aus. 7,50 € spart sie.

3 Ja, mit den vorbestellten Flaschen hat er dann noch 2 Flaschen übrig.

4 Es können 200 Flaschen abgefüllt werden.

5 Er kann noch 14 Figuren bemalen.

6 Der Anteil der Streuobstwiese am ganzen Grundstück beträgt $\frac{5}{21}$.

Zu Seite 22

7 Er verliert 2 ml Öl an einem Tag.

8 a) In der Mischung sind 250 g Buchweizen, 300 g Gerste, 250 g Grünkorn, 300 g Hafer, 400 g Roggen und 500 g Weizen enthalten.
b) Es werden 0,6 kg Hafer (0,5 kg Buchweizen, 0,5 kg Grünkorn) benötigt.

9 Mira ist 1,35 m und Paul ist 1,50 m groß.

10 Er wird 24 Stunden in der Woche unterrichtet.

Anteile und Verhältnisse

Zu Seite 23

1 Leon bekommt 8 Stücke und Filip 16 Stücke.

2 a) 

b) 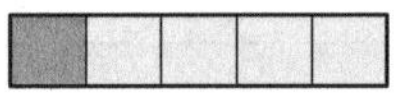

c) 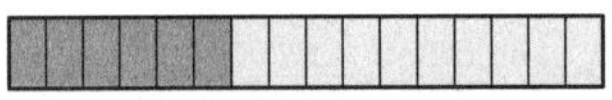

d) 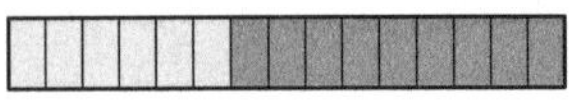

e) 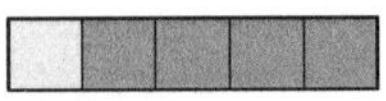

f) 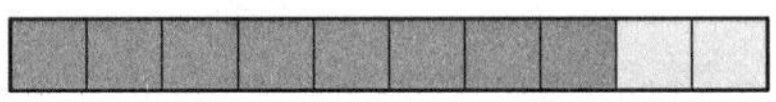

g) 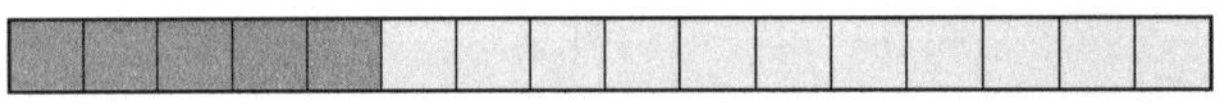

3 In der Klasse sind 9 Jungen und 15 Mädchen.

4 a) Sie benötigt $\frac{1}{8}$ Liter Sirup.

b) Sie kann $4\frac{1}{5}$ Liter Himbeersaft herstellen.

Lösungen

Grundrechenarten bei Brüchen

Zu Seite 24

1 1. Reihe von links nach rechts:

$\frac{1}{4}$ 7

2. Reihe von links nach rechts:

$1\frac{3}{5}$ 10 3 40

AUSGANGSTEST 2 – Brüche multiplizieren und dividieren: Auswertung

Kreuze deine richtigen Ergebnisse an.

Zu Seite 25

1 a) $\frac{5}{8}$ ☐ b) $\frac{8}{11}$ ☐ c) $1\frac{1}{2}$ ☐

2 a) $\frac{3}{35}$ ☐ b) $\frac{2}{5}$ ☐ c) $\frac{2}{5}$ ☐

3 a) $\frac{2}{7}$ ☐ b) $\frac{1}{14}$ ☐ c) $\frac{1}{30}$ ☐

4 a) $1\frac{1}{2}$ ☐ b) $\frac{2}{3}$ ☐ c) 1 ☐

5 a) $\frac{4}{7} \cdot 21 = 12$ ☐ b) $\frac{2}{5} \cdot 25 = 10$ ☐ c) $\frac{7}{15} \cdot 45 = 21$ ☐

6 a) $\frac{1}{30}$ ☐ b) $2\frac{2}{5}$ ☐

7 Es bleiben 24 Minuten der Sendezeit für die Dokumentation übrig. ☐

8 Es lassen sich 9 Gläser vollständig füllen. ☐

9 Es werden 15 Liter blaue Farbe und 6 Liter grüne Farbe benötigt. ☐

Ich kann ...	Aufgabe	Hilfen und Aufgaben im Lehrbuch
Brüche mit natürlichen Zahlen multiplizieren.	1	Seite 45, 55
Brüche miteinander multiplizieren.	2, 6	Seite 46, 47, 55
Brüche durch natürliche Zahlen dividieren.	3	Seite 49, 55
Brüche durch Brüche dividieren.	4	Seite 50, 51, 55
Bruchteile berechnen.	5	Seite 48, 55
Sachaufgaben zur Multiplikation und Division von Brüchen lösen.	7, 8	Seite 52, 56
mit Verhältnissen rechnen.	9	Seite 53, 56

Lösungen

Prozent

Zu Seite 26

1 a) Rot: $\frac{19}{100} = 19\,\%$ Gelb: $\frac{54}{100} = 54\,\%$ Grün: $\frac{27}{100} = 27\,\%$

b) Rot: $\frac{50}{100} = 50\,\%$ Gelb: $\frac{47}{100} = 47\,\%$ Grün: $\frac{3}{100} = 3\,\%$

c) Rot: $\frac{31}{100} = 31\,\%$ Gelb: $\frac{67}{100} = 67\,\%$ Grün: $\frac{2}{100} = 2\,\%$

d) Rot: $\frac{9}{100} = 9\,\%$ Gelb: $\frac{79}{100} = 79\,\%$ Grün: $\frac{12}{100} = 12\,\%$

2 a) 40 Kästchen rot 25 Kästchen gelb 35 Kästchen grün
b) 23 Kästchen rot 46 Kästchen gelb 31 Kästchen grün
c) 59 Kästchen rot 38 Kästchen gelb 3 Kästchen grün
d) 73 Kästchen rot 26 Kästchen gelb 1 Kästchen grün

3

	Gelb	Grün
a)	$\frac{1}{2} = \frac{50}{100} = 50\,\%$	$\frac{1}{2} = \frac{50}{100} = 50\,\%$
b)	$\frac{7}{10} = \frac{70}{100} = 70\,\%$	$\frac{3}{10} = \frac{30}{100} = 30\,\%$
c)	$\frac{3}{4} = \frac{75}{100} = 75\,\%$	$\frac{1}{4} = \frac{25}{100} = 25\,\%$

4

	Gelb	Grün	Rot
a)	$\frac{6}{10} = \frac{60}{100} = 60\,\%$	$\frac{3}{10} = \frac{30}{100} = 30\,\%$	$\frac{1}{10} = \frac{10}{100} = 10\,\%$
b)	$\frac{3}{5} = \frac{60}{100} = 60\,\%$	$\frac{1}{5} = \frac{20}{100} = 20\,\%$	$\frac{1}{5} = \frac{20}{100} = 20\,\%$
c)	$\frac{11}{20} = \frac{55}{100} = 55\,\%$	$\frac{6}{20} = \frac{30}{100} = 30\,\%$	$\frac{3}{20} = \frac{15}{100} = 15\,\%$
d)	$\frac{13}{25} = \frac{52}{100} = 52\,\%$	$\frac{9}{25} = \frac{36}{100} = 36\,\%$	$\frac{3}{25} = \frac{12}{100} = 12\,\%$

Zu Seite 27

5 a) Erweiterungszahl: 10; $\frac{70}{100} = 70\,\%$

Erweiterungszahl: 20; $\frac{40}{100} = 40\,\%$

Erweiterungszahl: 25; $\frac{75}{100} = 75\,\%$

b) Erweiterungszahl: 2; $\frac{34}{100} = 34\,\%$

Erweiterungszahl: 5; $\frac{65}{100} = 65\,\%$

Erweiterungszahl: 4; $\frac{72}{100} = 72\,\%$

c) Erweiterungszahl: 20; $\frac{60}{100} = 60\,\%$

Erweiterungszahl: 4; $\frac{84}{100} = 84\,\%$

Erweiterungszahl: 5; $\frac{55}{100} = 55\,\%$

6 a) Kürzungszahl: 2; $\frac{33}{100} = 33\,\%$

Kürzungszahl: 3; $\frac{9}{100} = 9\,\%$

Kürzungszahl: 4; $\frac{17}{100} = 17\,\%$

b) Kürzungszahl: 5; $\frac{11}{100} = 11\,\%$

Kürzungszahl: 8; $\frac{60}{100} = 60\,\%$

Kürzungszahl: 9; $\frac{60}{100} = 60\,\%$

c) Kürzungszahl: 12; $\frac{20}{100} = 20\,\%$

Kürzungszahl: 10; $\frac{17}{100} = 17\,\%$

Kürzungszahl: 20; $\frac{7}{100} = 7\,\%$

7 a) $\frac{33}{150} = \frac{11}{50} = \frac{22}{100} = 22\,\%$

$\frac{45}{250} = \frac{9}{50} = \frac{18}{100} = 18\,\%$

$\frac{14}{350} = \frac{2}{50} = \frac{4}{100} = 4\,\%$

b) $\frac{12}{30} = \frac{4}{10} = \frac{40}{100} = 40\,\%$

$\frac{42}{70} = \frac{6}{10} = \frac{60}{100} = 60\,\%$

$\frac{28}{80} = \frac{7}{20} = \frac{35}{100} = 35\,\%$

c) $\frac{27}{90} = \frac{3}{10} = \frac{30}{100} = 30\,\%$

$\frac{18}{150} = \frac{6}{50} = \frac{12}{100} = 12\,\%$

$\frac{21}{60} = \frac{7}{20} = \frac{35}{100} = 35\,\%$

8

	a)	b)	c)	d)	e)	f)	g)	h)
Bruch	$\frac{3}{10}$	$\frac{1}{4}$	$\frac{1}{5}$	$\frac{4}{5}$	$\frac{3}{4}$	$\frac{3}{20}$	$\frac{2}{25}$	$\frac{7}{50}$
Hundertstelbruch	$\frac{30}{100}$	$\frac{25}{100}$	$\frac{20}{100}$	$\frac{80}{100}$	$\frac{75}{100}$	$\frac{15}{100}$	$\frac{8}{100}$	$\frac{14}{100}$
Dezimalzahl	0,3	0,25	0,2	0,8	0,75	0,15	0,08	0,14
Prozent	30 %	25 %	20 %	80 %	75 %	15 %	8 %	14 %

Grundbegriffe der Prozentrechnung

Zu Seite 28

1 a) Prozentwert W (533 Apfelbäume)
b) Prozentsatz p % (90 %)
c) Grundwert G (120 Liter)

2

	Gegeben	Gesucht
a)	Grundwert (G), Prozentsatz (p%)	Prozentwert (W)
b)	Grundwert (G), Prozentwert (W)	Prozentsatz (p %)
c)	Grundwert (G), Prozentwert (W)	Prozentsatz (p %)
d)	Prozentwert (W), Prozentsatz (p %)	Grundwert (G)
e)	Grundwert (G), Prozentsatz (p %)	Prozentwert (W)
f)	Prozentwert (W), Prozentsatz (p %)	Grundwert (G)
g)	Grundwert (G), Prozentsatz (p %)	Prozentwert (W)

Prozentwert berechnen

Zu Seite 29

1 a)

%	Masse (g)
100	500
1	5
10	50

10 % von 500 g sind 50 g.

b)

%	Fläche (m²)
100	400
1	4
3	12

3 % von 400 m^2 sind 12 m^2.

c)

%	Strecke (m)
100	50
1	0,5
20	10

20 % von 50 m sind 10 m.

d)

%	Masse (kg)
100	200
1	2
5	10

5 % von 200 kg sind 10 kg.

e)

%	Masse (t)
100	60
1	0,6
25	15

25 % von 60 t sind 15 t.

f)

%	Betrag (€)
100	80
1	0,8
15	12

15 % von 80 € sind 12 €.

Lösungen

2 a)

%	Masse (g)
100	150
1	1,5
6	9

Es sind 9 g Fett enthalten.

b)

%	Jugendliche
100	1200
1	12
45	540

Es sind 540 Jugendliche.

c)

%	Zuschauer
100	45000
1	450
80	36000

Es waren 36000 Zuschauer.

Grundwert berechnen

Zu Seite 30

1 a)

%	Masse (g)
10	20
1	2
100	200

10 % von 200 g sind 20 g.

b)

%	Betrag (€)
3	12
1	4
100	400

3 % von 400 € sind 12 €.

c)

%	Strecke (m)
5	15
1	3
100	300

5 % von 300 m sind 15 m.

d)

%	Masse (kg)
2	8
1	4
100	400

2 % von 400 kg sind 8 kg.

e)

%	Betrag (€)
20	80
1	4
100	400

20 % von 400 € sind 80 €.

f)

%	Volumen (m^3)
10	11
1	1,1
100	110

10 % von 110 m^3 sind 11 m^3.

2 a)

%	Fläche (ha)
80	24
1	$\frac{24}{80} = 0{,}3$
100	30

Er bewirtschaftet 30 Hektar.

b)

%	Betrag (€)
60	27
1	$\frac{27}{60} = 0{,}45$
100	45

Sie erhält 45 € Taschengeld.

c)

%	Masse (g)
55	110
1	2
100	200

Die Tafel Schokolade wiegt 200 g.

Prozentsatz berechnen

Zu Seite 31

1 a)

Strecke (m)	%
90	100
1	$\frac{100}{90}$
18	20

20 % von 90 m sind 18 m.

b)

Betrag (€)	%
700	100
1	$\frac{100}{700}$
14	2

2 % von 700 € sind 14 €.

c)

Volumen (m^3)	%
60	100
1	$\frac{100}{60}$
15	25

25 % von 60 m^3 sind 15 m^3.

d)

Masse (t)	%
300	100
1	$\frac{100}{300}$
9	3

3 % von 300 t sind 9 t.

e)

Volumen (l)	%
200	100
1	$\frac{100}{200}$
40	20

20 % von 200 *l* sind 40 *l*.

f)

Strecke (m)	%
300	100
1	$\frac{100}{300}$
6	2

2 % von 300 m sind 6 m.

2 a)

Jungen	%
80	100
1	$\frac{100}{80}$
52	$\frac{100 \cdot 52}{80} = 65$

65 % der Jungen sind Mitglied in einem Sportverein.

b)

Jugendliche	%
175	100
1	$\frac{100}{175}$
14	$\frac{100 \cdot 14}{175} = 8$

8 % der Schülerinnen und Schüler nehmen nicht teil.

c)

Fläche (m^2)	%
400	100
1	$\frac{1}{4}$
260	65

65 % der Gartenfläche ist Rasen.

Grundaufgaben der Prozentrechnung

Zu Seite 32

1 a) 2 kg
15 m
30 €

b) 600 cm
40 €
200 g

c) 10 %
1 %
8 %

d) 300 m
50 kg
60 mm

e) 100 €
200 g
3 m

f) 50 %
25 %
10 %

g) 60 €
56 g
180 m

h) 400 kg
500 €
200 cm^2

i) 20 %
5 %
30 %

2

	a)	b)	c)	d)	e)	f)	g)	h)	i)
Grundwert	550 m	320 kg	175 cm	450 km	150 €	250 g	750 m^2	2,5 l	7,5 m^3
Prozentwert	66 m	112 kg	42 cm	72 km	33 €	160 g	330 m^2	0,6 l	2,7 m^3
Prozentsatz	12 %	35 %	24 %	16 %	22 %	64 %	44 %	24 %	36 %

Sachaufgaben zur Prozentrechnung

Zu Seite 33

1 Frage: Wie viel Prozent der Schülerinnen und Schüler sind krank?
Gegeben: Grundwert: 32; Prozentwert: 8
Gesucht: Prozentsatz
Antwort: Es sind 25 % krank.

2 Frage: Wie viel Liter fasst der Tank insgesamt?
Gegeben: Prozentsatz: 40 %; Prozentwert: 30 Liter
Gesucht: Grundwert
Antwort: Der Tank fasst insgesamt 75 Liter.

3 Frage: Wie viel Prozent der Schrauben hatten Mängel?
Gegeben: Grundwert: 2 000; Prozentwert: 60
Gesucht: Prozentsatz
Antwort: 3 % der Schrauben hatten Mängel.

4 Frage: Wie schwer war der Igel vor dem Winterschlaf?
Gegeben: Prozentwert: 240 g; Prozentsatz: 30 %
Gesucht: Grundwert
Antwort: Er wog vor dem Winterschlaf 800 g.

Zu Seite 34

5 Frage: Wie viele Schülerinnen und Schüler sind über 16 Jahre alt?
Gegeben: Grundwert: 1240; Prozentsatz: 35 %
Gesucht: Prozentwert
Antwort: 434 Schülerinnen und Schüler sind über 16 Jahre alt.

6 Frage: Wie viel Prozent der Stimmen erhält Frau Scheidt?
Gegeben: Grundwert: 35; Prozentwert: 21
Gesucht: Prozentsatz
Antwort: Sie erhält 60 % der Stimmen.

Lösungen

7 Frage: Wie lang ist der Weg insgesamt?
Gegeben: Prozentsatz: 8 %; Prozentwert: 1,2 km
Gesucht: Grundwert
Antwort: Der Weg ist 15 km lang.

8 Frage: Wie viel Prozent Kohlenhydrate enthalten die Haferflocken?
Gegeben: Grundwert: 250 g; Prozentwert: 175 g
Gesucht: Prozentsatz
Antwort: Es sind 70 % Kohlenhydrate enthalten.

Zu Seite 35

9 Sparguthaben: 28 600 €; Erbschaft: 23 400 €; Kredit: 13 000 €

10 Fett: 72,5 g; Eiweiß: 50 g; Kohlenhydrate: 2,5 g

11 Fremdsprache: 30 %; Naturwissenschaften: 48 %; Arbeitslehre: 22 %

12 1. Tag: 35 %; 2. Tag: 40 %; 3. Tag: 25 %

13 Montag: 32 %; Dienstag: 22 %; Mittwoch: 26 %; Donnerstag: 20 %

Prozentuale Abnahme

Zu Seite 36

1 1. Lösungsweg
Preissenkung: 10 % von 60 € sind 6 €.
Ermäßigter Preis: 60 € – 6 € = 54 €

2. Lösungsweg
Prozentsatz: 100 % – 10 % = 90 %
Ermäßigter Preis: 90 % von 60 € sind 54 €.

Antwort: Die Schuhe kosten nach der Preissenkung 54 €.

2 Frage: Wie hoch ist der monatliche Beitrag nach der Preissenkung?
Rechnung: 98 % von 350 € sind 343 €.
Antwort: Der monatliche Beitrag beträgt nach der Preissenkung 343 €.

3 Frage: Wie hoch war die Niederschlagsmenge im Jahr 2020?
Rechnung: 85 % von 580 mm sind 493 mm.
Antwort: Im Jahr 2020 betrug die Niederschlagsmenge 493 mm.

4 Frage: Wie viele Besucher hatte das Freibad im August?
Rechnung: 88 % von 2 450 sind 2 156.
Antwort: Im August besuchten 2 156 Personen das Freibad.

5 Frage: Wie viel bezahlt Herr Bauer für den Drucker?
Rechnung: 95 % von 280 € sind 266 €.
Antwort: Herr Bauer bezahlt 266 €.

Prozentuale Zunahme

Zu Seite 37

1 1. Lösungsweg
Mieterhöhung: 5 % von 400 € sind 20 €.
Erhöhte Miete: 400 € + 20 € = 420 €

2. Lösungsweg
Prozentsatz: 100 % + 5 % = 105 %
Erhöhte Miete: 105 % von 400 € sind 420 €.

Antwort: Familie Mai muss nach der Mieterhöhung 420 € zahlen.

2 Frage: Wie viel Wasser hat Familie Horst in diesem Jahr verbraucht?
Rechnung: 112 % von 1 850 m^3 sind 2 072 m^3.
Antwort: Familie Horst hat 2 072 m^3 Wasser verbraucht.

3 Frage: Wie viele Personen besuchten den Zoo im Jahr 2021?
Rechnung: 115 % von 42 820 sind 49 243.
Antwort: Es besuchten 49 243 Personen den Zoo im Jahr 2021.

4 Frage: Wie viel kostet die Schülermonatskarte nach der Preiserhöhung?
Rechnung: 104 % von 30 € sind 31,20 €.
Antwort: Die Schülermonatskarte kostet nach der Preiserhöhung 31,20 €.

5 Frage: Wie viel verdient Frau Breiter nach der Gehaltserhöhung?
Rechnung: 101,6 % von 2 450 € sind 2 489,20 €.
Antwort: Frau Breiter erhält nun 2 489,20 € monatlich.

Prozentuale Veränderungen

Zu Seite 38

1

a)	b)	c)	d)
45 €	14 €	30 €	8 €
81 €	21 €	18 €	12 €
63 €	8,40 €	39 €	9,60 €

2

a)	b)	c)	d)
165 €	206 €	84 €	180 €
88 €	154,50 €	126 €	108 €
143 €	82,40 €	136,50 €	132 €

3 714 €; 178,50 €; 47,60 €; 684,25 €; 297,50 €

Prozentrechnung bei Umfragen

Zu Seite 39

1

	Anzahl	Anteil (%)
in der eigenen Wohnung	238	28 %
im Einkaufszentrum	272	32 %
in einer Freizeiteinrichtung	170	20 %
beim Sport	102	12 %
an anderen Orten	68	8 %
insgesamt	850	100 %

Beschriftung des Streifendiagramms von links nach rechts:
32 % im Einkaufszentrum
12 % beim Sport
20 % in einer Freizeiteinrichtung
8 % an anderen Orten
28 % in der eigenen Wohnung

Lösungen

2

	Anzahl	Anteil (%)
mit dem Fahrrad	221	26 %
mit dem Bus	306	36 %
zu Fuß	170	20 %
mit dem Mofa	34	4 %
im Auto der Eltern	119	14 %
insgesamt	850	100 %

Beschriftung des Kreisdiagramms von oben im Uhrzeigersinn:

36 % mit dem Bus
4 % mit dem Mofa
26 % mit dem Fahrrad
14 % im Auto der Eltern
20 % zu Fuß

Zu Seite 40

3

	Anzahl	Anteil (%)
Sport	25	10 %
Mathematik oder Naturwissenschaften	45	18 %
Sprachen	70	28 %
Kunst oder Musik	75	30 %
andere Fächer	35	14 %
Summe	250	100 %

4

	Anzahl	Anteil (%)
Sport	328	41 %
Mathematik oder Naturwissenschaften	232	29 %
Sprachen	80	10 %
Kunst oder Musik	32	4 %
andere Fächer	128	16 %
Summe	800	100 %

(Streifendiagramm: Gesamtlänge 10 cm; davon: Sport: 4,1 cm; Mathematik oder Naturwissenschaften: 2,9 cm; Sprachen: 1 cm; Kunst oder Musik: 0,4 cm; andere Fächer: 1,6 cm)

AUSGANGSTEST 3 – Prozentrechnung: Auswertung

Zu Seite 41

Kreuze deine richtigen Ergebnisse an.

1 a) $\frac{3}{10} = \frac{30}{100} = 30\ \%$ ☐ b) $\frac{7}{50} = \frac{14}{100} = 14\ \%$ ☐ c) $\frac{11}{20} = \frac{55}{100} = 55\ \%$ ☐

2

	a)	b)	c)	d)
Bruch	$\frac{3}{4}$	$\frac{3}{5}$	$\frac{3}{20}$	$\frac{1}{4}$
Hundertstelbruch	$\frac{75}{100}$	$\frac{60}{100}$	$\frac{15}{100}$	$\frac{25}{100}$
Dezimalzahl	0,75	0,60	0,15	0,25
Prozent	75 %	60 %	15 %	25 %

☐

3 a) 1 % von 300 kg sind 3 kg. 3 % von 200 m sind 6 m. ☐
b) 10 % von 60 € sind 6 €. 5 % von 40 cm sind 2 cm. ☐
c) 10 % von 70 g sind 7 g. 25 % von 20 m^2 sind 5 m^2. ☐

4 272 Schülerinnen und Schüler essen regelmäßig in der Mensa. ☐

5 Der Neupreis betrug 30 000 €. ☐

6 65 % der Erde sind bereits abgefahren. ☐

7 253 Schülerinnen und Schüler haben im Jahr 2021 die Abiturprüfung bestanden. ☐

8 Das T-Shirt kostet nun14 €. ☐

9 289 Fahrräder hatten keine Mängel. ☐

Ich kann ...	Aufgabe	Hilfen und Aufgaben im Lehrbuch
Brüche und Dezimalzahlen in Prozent angeben und umgekehrt.	1, 2	Seite 64, 65, 79
Prozentwert, Grundwert und Prozentsatz berechnen.	3	Seite 66 – 70, 79
bei einer Sachaufgabe Prozentwert, Grundwert und Prozentsatz erkennen und die Lösung bestimmen.	4, 5, 6, 9	Seite 67 – 70, 72, 73, 81
Sachaufgaben zur prozentualen Zu- und Abnahme lösen.	7, 8	Seite 74, 75, 82

Lösungen

Zufallsexperimente durchführen und auswerten

Zu Seite 42

1 a)/b)

Ergebnis	absolute Häufigkeit	relative Häufigkeit
blau	16	$\frac{16}{100} = 0{,}16$
weiß	22	$\frac{22}{100} = 0{,}22$
grün	19	$\frac{19}{100} = 0{,}19$
rot	20	$\frac{20}{100} = 0{,}20$
gelb	23	$\frac{23}{100} = 0{,}23$
Summe	100	$\frac{100}{100} = 1$

c)

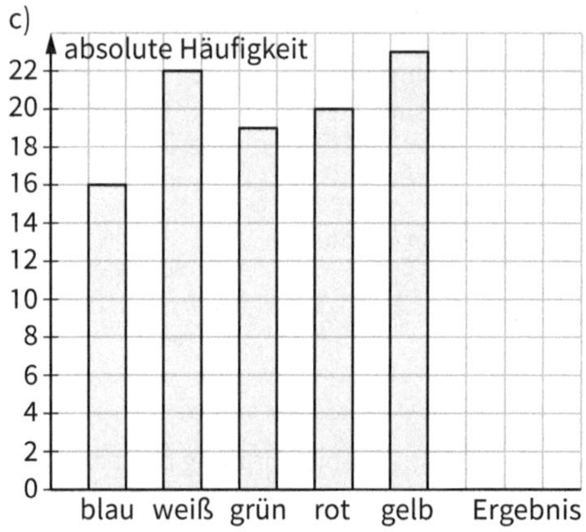

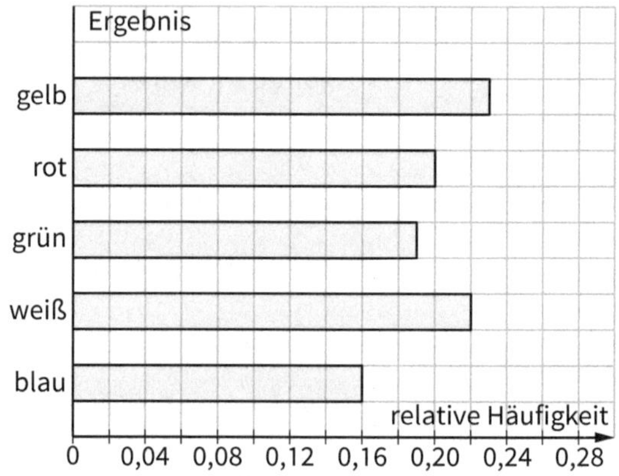

Zu Seite 43

2 / **3** Die Aufgaben behandeln Zufallsexperimente, die von Schülerinnen und Schülern durchgeführt werden.

Zu Seite 44

4 Das Streifendiagramm ist hier verkleinert dargestellt.

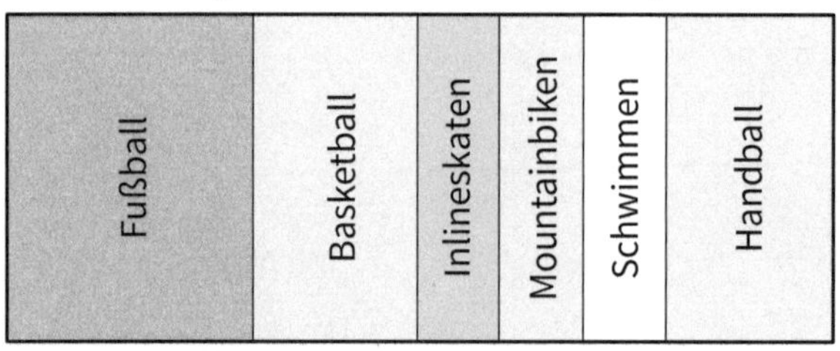

Länge der Streifen beim Streifendiagramm mit der Gesamtlänge 15 cm:
Fußball: 4,5 cm; Basketball: 3 cm; Inlineskaten: 1,5 cm; Mountainbiken: 1,5 cm; Schwimmen: 1,5 cm; Handball: 3 cm

5

Sportart	relative Häufigkeit	Winkelgröße
Tennis	0,15	54°
Volleyball	0,2	72°
Inlineskaten	0,1	36°
Turnen	0,15	54°
Reiten	0,3	108°
Handball	0,1	36°

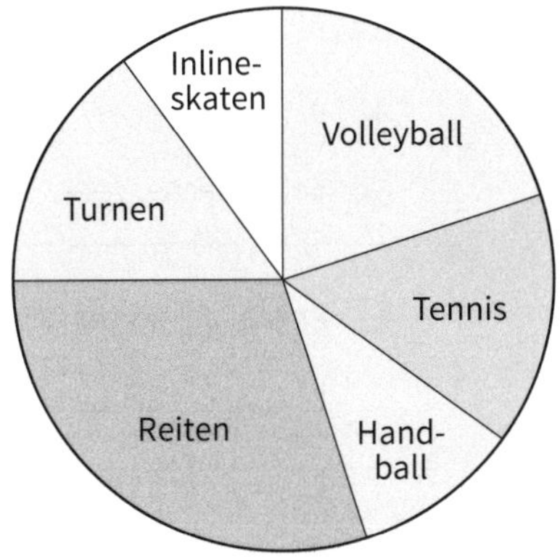

Zu Seite 45

6 a) I

Ergebnis	Anzahl der Ziehungen	erwartete absolute Häufigkeit	erwartete relative Häufigkeit	
			als Bruch	als Dezimalzahl
rot	100	20	$\frac{20}{100}$	0,20
weiß	100	30	$\frac{30}{100}$	0,30
schwarz	100	50	$\frac{50}{100}$	0,50

II

Ergebnis	Anzahl der Ziehungen	erwartete absolute Häufigkeit	erwartete relative Häufigkeit	
			als Bruch	als Dezimalzahl
rot	400	80	$\frac{80}{400}$	0,20
weiß	400	120	$\frac{120}{400}$	0,30
schwarz	400	200	$\frac{200}{400}$	0,50

III

Ergebnis	Anzahl der Ziehungen	erwartete absolute Häufigkeit	erwartete relative Häufigkeit	
			als Bruch	als Dezimalzahl
rot	2 000	400	$\frac{400}{2\,000}$	0,20
weiß	2 000	600	$\frac{600}{2\,000}$	0,30
schwarz	2 000	1 000	$\frac{1\,000}{2\,000}$	0,50

b) Die relativen Häufigkeiten sind immer gleich (beim Bruch für den gekürzten Bruch) und damit unabhängig von der Anzahl der Ziehungen.

7 Sehr wahrscheinlich trägt das Glücksrad die folgende Verteilung:
1: 3 Felder 2: 2 Felder 3: 2 Felder 4: 1 Feld

Wahrscheinlichkeiten bestimmen

Zu Seite 46

1 a) Wahrscheinlichkeit für die Zahl 7: $\frac{1}{9}$ b) Wahrscheinlichkeit für ein grünes Feld: $\frac{4}{9}$

2 a) $\frac{5}{10}$ b) $\frac{2}{10}$ c) $\frac{3}{10}$

d) $\frac{1}{10}$ e) $\frac{4}{10}$ f) $\frac{2}{10}$

Lösungen

3 a) $\frac{1}{8}$ b) $\frac{4}{8}=\frac{1}{2}$

4 a) $\frac{1}{250}$ b) $\frac{1}{249}$

5 Seitenfläche: $\frac{270}{1\,000}$ Grund- oder Deckfläche: $\frac{610}{1\,000}$ Vorder- oder Rückfläche: $\frac{120}{1\,000}$

Zu Seite 47

6 Anzahl der Karten: 36

Es wird ein deutsches Auto gezogen: $\frac{12}{36}$

Es wird ein französisches Auto gezogen: $\frac{8}{36}$

Es wird ein japanisches Auto gezogen: $\frac{9}{36}$

Es wird ein italienisches Auto gezogen: $\frac{7}{36}$

7 a) $\frac{400}{500}=0{,}8$ b) $\frac{60}{500}=0{,}12$ c) $\frac{35}{500}=0{,}07$ d) $\frac{5}{500}=0{,}01$

8 Farbsehschwäche bei einem Mann: $\frac{66}{750}=\frac{11}{125}=0{,}088$

Farbsehschwäche bei einer Frau: $\frac{4}{500}=\frac{1}{125}=0{,}008$

9 Erkrankung an den Nebenwirkungen der Impfung: $\frac{20}{25\,000\,000}=0{,}0000008$

Erkrankung an der Virusinfektion: $\frac{200\,000}{10\,000\,000}=0{,}02$

10 a) Es müssen jeweils zwei Flächen mit den Zahlen 1, 2, 3 und 4 beschriftet sein.
b) Die 1 und die 4 kommen jeweils nur auf einer Fläche vor.
Die 2 steht auf zwei Flächen und die 3 befindet sich auf vier Flächen.

Zu Seite 48

11 a) rot: 5
blau: 10
grün: 15
gelb: 20

b) rot: 8
blau: 16
grün: 24
gelb: 32

12 weiß: 45° grün: 120° blau: 60° rot: 90° gelb: 45°

13 Es wurden 500 Schülerinnen und Schüler befragt.

a) $\frac{248}{500}$ b) $\frac{188}{500}$ c) $\frac{44}{500}$

d) $\frac{252}{500}$ e) $\frac{64}{500}$ f) $\frac{480}{500}$

Zu Seite 49

14 a) Niete: $\frac{225}{250}$ 5-€-Gewinn: $\frac{20}{250}$ 20-€-Gewinn: $\frac{4}{250}$ Hauptgewinn: $\frac{1}{250}$

b) Einnahmen: $250 \cdot 1\,€ = 250\,€$
Auszahlung: $20 \cdot 5\,€ + 4 \cdot 20\,€ + 50\,€ = 230\,€$
Gewinn: $250\,€ - 230\,€ = 20\,€$
Die Schülerinnen und Schüler erzielen einen Gewinn von 20 €.

c) Gewinn: $x - 230\,€ = 120\,€$; $x = 350\,€$ (Einnahmen)
$250 \cdot y = 350\,€$; $y = 1{,}40\,€$
Damit die Schülerinnen und Schüler mindestens 120 € Gewinn erzielen, müssen sie einen Preis von 1,40 € für ein Los verlangen.

15 a) Das Spiel ist nicht fair.
Bei vier Spielausgängen (MMM, MMZ, MZM, ZMM) muss Justin insgesamt 60 Cent bezahlen, bei den vier anderen (ZZZ, ZZM, ZMZ, MZZ) erhält er 80 Cent.
b) Justin erhält in jedem anderen Fall 15 Cent oder er erhält bei dreimal Zahl 30 Cent und bei zweimal Zahl 10 Cent.

AUSGANGSTEST 4 – Zufallsexperimente: Auswertung

Kreuze deine richtigen Ergebnisse an.

Zu Seite 50

1 a) b) c) ☐ ☐ ☐

Ergebnis	absolute Häufigkeit	relative Häufigkeit
1	8	$\frac{8}{50} = 0{,}16$
2	8	$\frac{8}{50} = 0{,}16$
3	10	$\frac{10}{50} = 0{,}2$
4	7	$\frac{7}{50} = 0{,}14$
5	8	$\frac{8}{50} = 0{,}16$
6	9	$\frac{9}{50} = 0{,}18$
Summe	50	$\frac{50}{50} = 1{,}00$

d) Die Summe der relativen Häufigkeiten ist 1. ☐

2 a) ☐

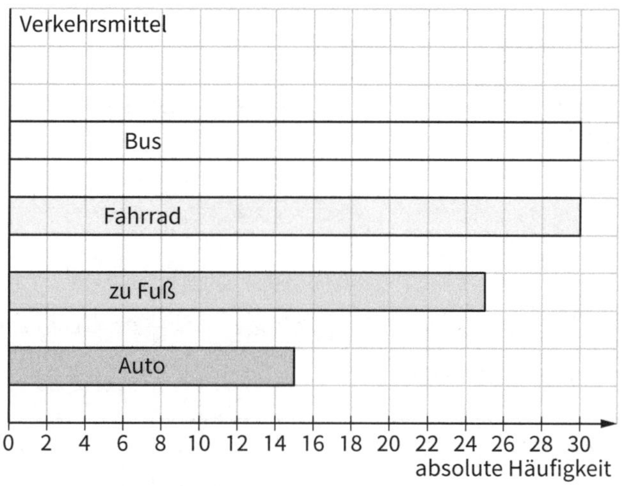

b) ☐

Verkehrsmittel	absolute Häufigkeit	relative Häufigkeit
Bus	30	$\frac{30}{100} = 0{,}3$
Fahrrad	30	$\frac{30}{100} = 0{,}3$
zu Fuß	25	$\frac{25}{100} = 0{,}25$
Auto	15	$\frac{15}{100} = 0{,}15$
Summe	100	$\frac{100}{100} = 1{,}00$

Lösungen

Das Streifendiagramm ist hier verkleinert dargestellt.

Länge der Streifen beim Streifendiagramm mit der Gesamtlänge 16 cm:
Bus: 4,8 cm; Fahrrad: 4,8 cm; zu Fuß: 4,0 cm; Auto: 2,4 cm

Zu Seite 51

3 a)

Ergebnis	erwartete absolute Häufigkeit	erwartete relative Häufigkeit als	
		Bruch	Dezimalzahl
gelb	40	$\frac{40}{100}$	0,4
rot	40	$\frac{40}{100}$	0,4
blau	20	$\frac{20}{100}$	0,2

Ergebnis	erwartete absolute Häufigkeit	erwartete relative Häufigkeit als	
		Bruch	Dezimalzahl
gelb	400	$\frac{400}{1\,000}$	0,4
rot	400	$\frac{400}{1\,000}$	0,4
blau	200	$\frac{200}{1\,000}$	0,2

b) Die erwartete relative Häufigkeit ist für eine angezeigte Farbe bei 100 und 1 000 Drehungen jeweils gleich groß.

4 rot: $\frac{8}{25}$ weiß: $\frac{6}{25}$ schwarz: $\frac{7}{25}$ blau: $\frac{4}{25}$

5 nie: $\frac{410}{1\,000}$

einmal pro Monat oder weniger: $\frac{250}{1\,000}$

einmal pro Woche oder weniger: $\frac{160}{1\,000}$

täglich oder mehr als einmal die Woche: $\frac{180}{1\,000}$

6 Es sind sechs Kugeln mit Ziffer 1 in der Urne, neun Kugeln mit Ziffer 2, zwölf Kugeln mit Ziffer 3 und neun Kugeln mit Ziffer 4.

Ich kann …	Aufgabe	Hilfen und Aufgaben im Lehrbuch
absolute Häufigkeiten mithilfe einer Strichliste bestimmen.	1	Seite 95, 96, 97, 103
relative Häufigkeiten als Bruch und als Dezimalzahl angeben.	1, 3	Seite 95, 96, 103
absolute Häufigkeiten in einem Balkendiagramm darstellen.	2 a	Seite 97
absolute Häufigkeiten in einem Streifendiagramm darstellen.	2 b	Seite 103
Wahrscheinlichkeiten von Ergebnissen bestimmen.	4	Seite 99, 100, 104
relative Häufigkeiten als Schätzwerte für Wahrscheinlichkeiten bestimmen.	3, 5	Seite 101
zu vorgegebenen Wahrscheinlichkeiten die Verteilung von Kugeln in einer Urne berechnen.	6	Seite 100

Rationale Zahlen darstellen und ordnen

Zu Seite 52

1 a) 3 °C b) −1 °C c) 0,5 °C d) −5 °C
e) −70 °C f) 0,6 °C g) −5 °C

2

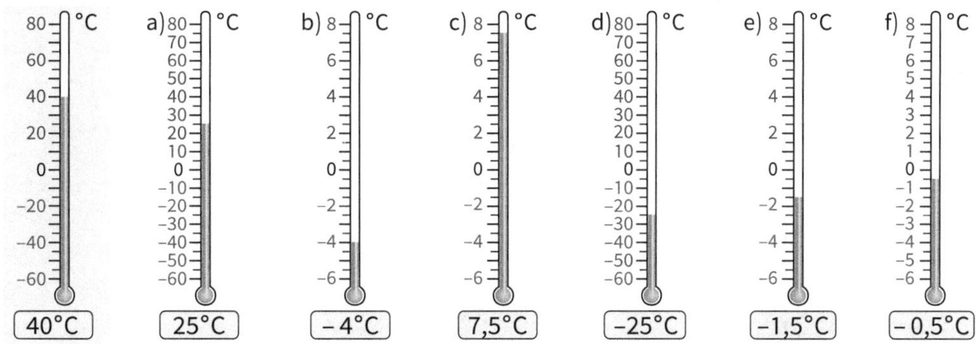

3 a) 2 °C > −2 °C b) −5 °C < −1 °C c) −3 °C > −8 °C d) −20 °C > −30 °C

4 a) 5 °C > −4 °C; −5 °C < 11 °C b) −3 °C < 9 °C; 12 °C > −4 °C c) −5 °C > −10 °C; −8 °C < −1 °C d) −7 °C < −2 °C; −5 °C > −6 °C

Zu Seite 53

5 a) von links nach rechts: −26; −21; −16; −11; −3; 1
b) von links nach rechts: −236; −231; −226; −221; −213; −209
c) von links nach rechts: −6; −5; −3,5; −1,5; 1,5; 3; 4,5; 7

6 a) +3 > −5; −4 > −8; −2 < +2
b) −13 > −25; −18 < +12; +36 > −51
c) −41 > −54; −54 < −45; −38 < +83
d) −3,8 < +3,7; +3,7 < +3,8; −7,1 < +1,7
e) −5,02 < −5,01; +2,77 > −2,78; −8,03 > −8,3

7 Die folgenden Lösungen sind Beispiele:
a) −15 < −12 < −10 < −9,5 < −9 < −8 < −5 < −4 < −3 < 0 < 1 < 2 < 4
b) −10 < −9 < −8 < −7 < −6 < −5 < −4 < −3 < −2 < −1 < 0 < 1 < 3

8 a) −8 < −5 < −3 < −1 < 1 < 3 < 5 < 8
b) −11 < −7 < −5 < −4 < −1 < 0 < 2 < 4

9 Die folgenden Lösungen sind Beispiele:
a) 1; 3; 6 b) −1; −4; −7 c) −1,4; −3,9; −4,3

10 Die genannten Zahlen sind nur Beispiele, es gibt unendlich viele Möglichkeiten.
a) −1,7 < −1,66 < −1,65 < −1,6
−2,3 < −2,26 < −2,25 < −2,2
−3,03 < −3,029 < −3,025 < −3,02
b) −3,1 < −3,09 < −3,08 < −3,07 < −3
−1,52 < −1,51 < −1,502 < −1,501 < −1,5
−1 < −0,99 < −0,95 < −0,94 < −0,9

Lösungen

Temperaturdiagramme

Zu Seite 54

1 a) 0 Uhr: −0,5 °C; 5 Uhr: −1,5 °C; 9 Uhr: −1,5 °C; 12 Uhr: 0 °C; 14 Uhr: +1,5 °C
b) 23.00 Uhr bis 0.00 Uhr
c) 12.00 Uhr bis 13.00 Uhr

2

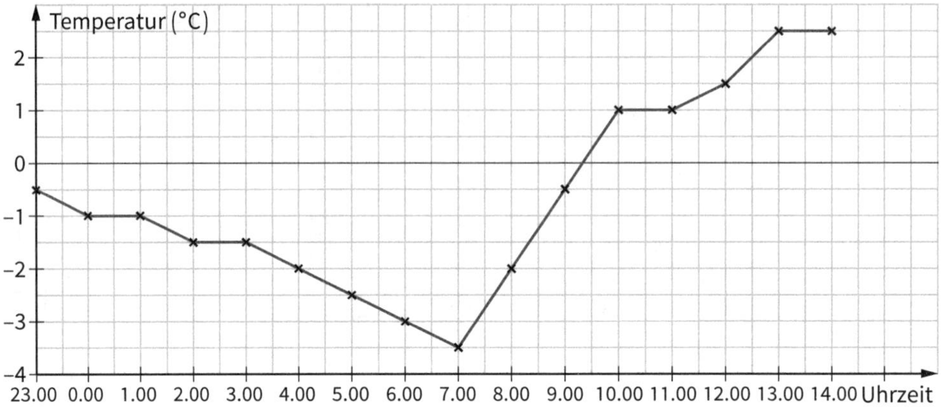

Rationale Zahlen addieren und subtrahieren

Zu Seite 55

1 a) 19 + 11 = 30
28 + 32 = 60
11 + 25 = 36

b) 16 − 30 = −14
22 − 18 = 4
21 − 24 = −3

c) 18 − 31 = −13
40 − 29 = 11
17 − 52 = −35

d) −60 + 34 = −26
−45 − 20 = −65
−19 − 12 = −31

2 a) −57
−39
−92
−99

b) −53
−92
−89
−99

c) 6
41
11
11

d) −15
−9
−9
−21

e) 3
40
19
15

f) −15
−29
12
−82

g) 48
12
25
−22

h) −23
54
−65
−92

i) −101
−24
−79
15

Zu Seite 56

3 a) 1

b) −37

4 a) −13 + 8 + 3 − 12 − 9 = −13 − 12 − 9 + 8 + 3 = −34 + 11 = −23
b) −12 − 5 + 3 + 8 − 19 + 7 = −12 − 5 − 19 + 3 + 8 + 7 = −36 + 18 = −18

5 −123; −3331; 6482

6 a)

-48					
-23	-25				
-8	-15	-10			
-2	-6	-9	-1		
0	-2	-4	-5	4	
2	-2	0	-4	-1	5

b)

11					
-11	22				
-11	0	22			
-2	-9	9	13		
5	-7	-2	11	2	
8	-3	-4	2	9	-7

7

A

4	-3	2
-1	1	3
0	5	-2

B

-5	10	-11
-8	-2	4
7	-14	1

Rationale Zahlen multiplizieren und dividieren

Zu Seite 57

1 a) 21; 16; 30
b) -33; -48; 70
c) -48; -63; -45
d) 65; -60; -48
e) 100; -66; -70
f) -72; -70; 90
g) -54; 68; -72
h) 96; -121; -105

2 a) 2; 8; 4
b) -2; -4; -9
c) 4; -4; 6
d) -12; 6; -5
e) 17; -11; 12
f) 8; -9; -18
g) -18; 14; -19
h) -13; 23; -29

Zu Seite 58

3 a) 100; 45; -96
b) 16; -8; -17
c) -105; -132; -24
d) 150; -28; 52
e) -12; -176; 18

4 a) -91; 12; 108
b) -162; 25; 7
c) -350; -7; 104
d) -165; -25; 123

Lösungen

5 a) 220
180
−720

b) −130
216
−315

c) 1 216
340
−800

d) −396
560
360

6 a) 11
9
−14

b) 8
−6
−6

c) 2
−5
−6

Zu Seite 59

7 a)

48			
−12	−4		
−6	2	−2	
−3	2	1	−2

b)

−16			
8	−2		
−4	−2	1	
−1	4	−0,5	−2

c)

108			
6	18		
−1	−6	−3	
0,5	−2	3	−1

8 Das Ergebnis ist 3.

9

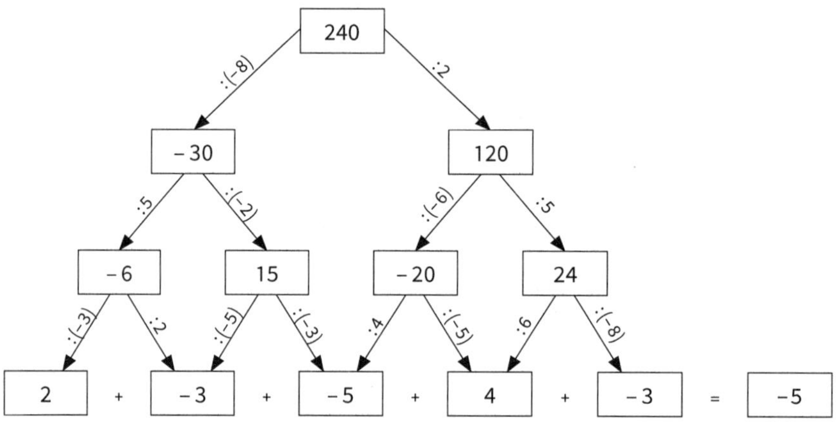

10 a) 10
30
10
−6
10
6
1
12

b) −10
15
−4
3
−12
−15
−1,5
6

Verbindung der Grundrechenarten

Zu Seite 60

1 a) richtig: 2 − 15 = −13 b) richtig: −1 + 32 = 31
c) richtig: −5 − 8 = −13 d) richtig: −10 + 4 = −6
e) richtig: −12 − 2 = −14 f) richtig: 6 + (−3) = 3
Die Regel „Punkt vor Strich" muss beachtet werden.

2 a) 12 − (−3) = 12 + 3 = 15 b) 20 − (−15) = 20 + 15 = 35

3

a)	b)	c)	d)
19	−3	−11	−2
0	0	19	2
−1	−19	−64	−35
13	−17	−86	−34
−5	11	35	3
−6	2	12	4
−18	0	−48	−40
−2	15	32	11

Domino mit rationalen Zahlen

Zu Seite 61 und 62

Domino-Spiel

Rationale Zahlen im Koordinatensystem

Zu Seite 63

1 E(2|5), F(−6|6), G(−4|0), H(−5|−5), I(1|−6)

2

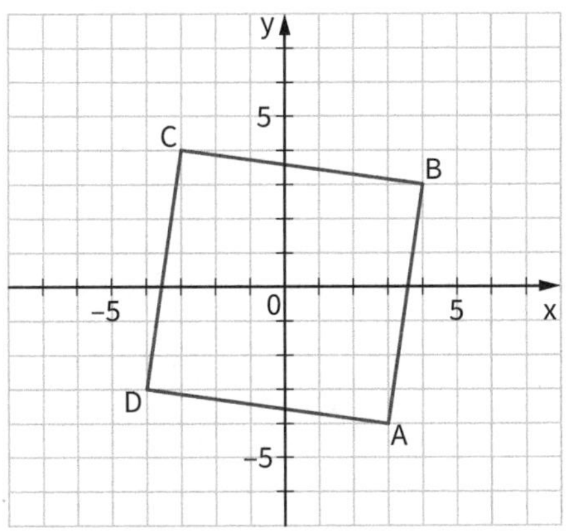

Man erhält ein Quadrat.

Lösungen

3 a)

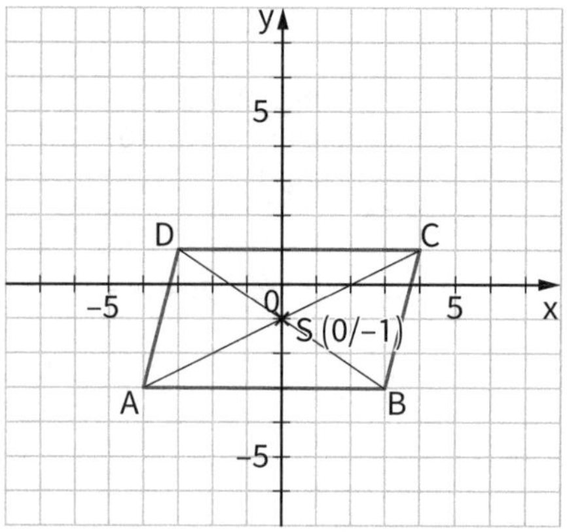

b) Man erhält ein Parallelogramm.

c) S(0|−1)

4 a) – c)

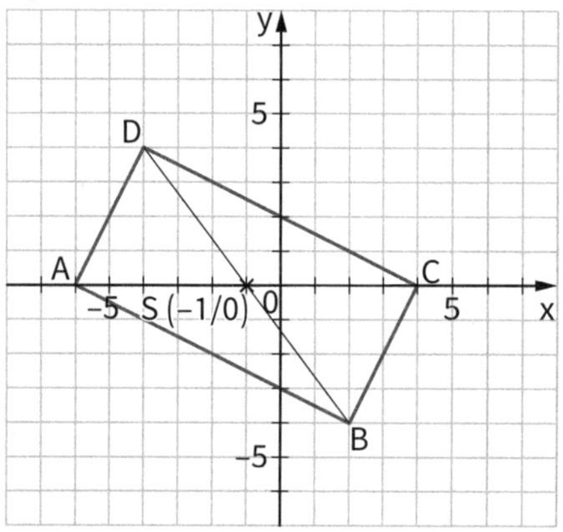

D(−4|4)

d) S(−1|0)

Lösungen

Zu Seite 64

5

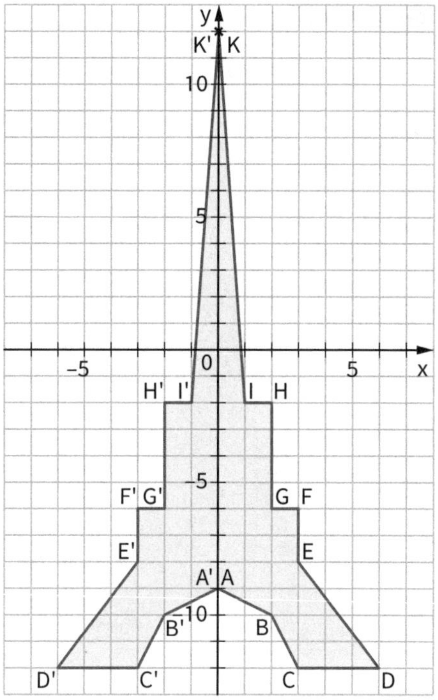

Bauwerk: Eiffelturm

A′(0 | −9), B′(−2 | −10), C′(−3 | −12), D′(−6 | −12), E′(−3 | −8), F′(−3 | −6), G′(−2 | −6), H′(−2 | −2), I′(−1 | −2), K′(0 | 12)

6

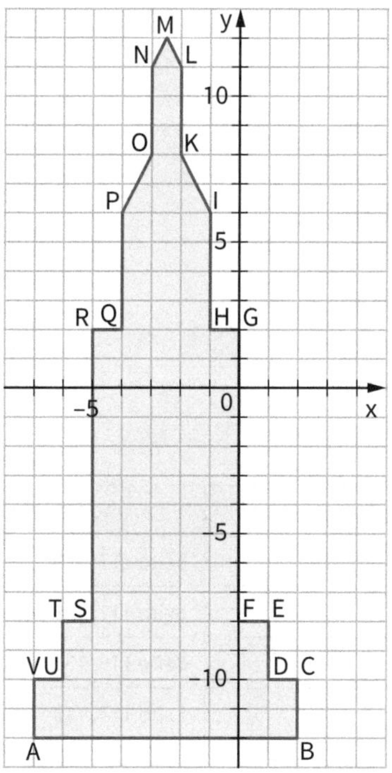

Bauwerk: Empire State Building

7 A (−2 | 0), A′(0 | −2) B (2 | −2), B′(−2 | 2) C (4 | 2), C′(2 | 4) D (−1 | 3), D′(3 | −1)

8 a) A (−4 | 3): Quadrant II B (4 | 3): Quadrant I C (−9 | −2): Quadrant III
D (5 | −9): Quadrant IV E (−1 | 8): Quadrant II F (13 | −3): Quadrant IV
G (−3 | 2): Quadrant II H (−5 | −3): Quadrant III

b) Die Werte sind negativ.

Lösungen

AUSGANGSTEST 5 – Rationale Zahlen: Auswertung

Kreuze deine richtigen Ergebnisse an.

Zu Seite 65

1 von links nach rechts: −5 °C; −10 °C; −18 °C; −2 °C ☐

2 a) A: −8; B: −6; C: −2; D: 4; E: 8; F: 15 ☐

b) A: −2,5; B: −2,1; C: −1,7; D: −1,5; E: −0,9; F: −0,6 ☐

3 a) $+8 < +9$
$-4 > -5$
$-45 < -44$
$0 > -2$ ☐

b) $-1,1 > -1,2$
$-0,4 < -0,3$
$+0,1 > -0,1$
$-2,2 < -0,22$ ☐

4 a) z. B.: $0,5 < 0,6 < 0,7 < 0,8 < 0,9$ ☐

b) z. B.: $-0,4 < -0,3 < -0,2 < -0,1 < 0$ ☐

c) z. B.: $-\frac{1}{2} < -0,4 < -0,3 < 0 < 1$ ☐

5 a) −8
+2
+27 ☐

b) +19
−70
−9 ☐

6 a) −15
+56
−84 ☐

b) −6
+5
−4 ☐

7 −2
−38
+3

8 a) −4
(−7)
−9
4 ☐

b) (−10)
−8
4
(−0,5) ☐

Ich kann …	Aufgabe	Hilfen und Aufgaben im Lehrbuch
negative Temperaturen am Thermometer ablesen.	1	Seite 117, 119
Zahlen an der Zahlengeraden benennen.	2	Seite 117, 136
rationale Zahlen vergleichen.	3	Seite 119, 136
rationale Zahlen nennen, die an der Zahlengeraden zwischen zwei weiteren rationalen Zahlen liegen.	4	Seite 117, 119, 136
die Grundrechenarten bei rationalen Zahlen anwenden.	5, 6	Seite 122 – 124, 128 – 133, 137, 138
die „Punkt- vor Strichregel“ bei rationalen Zahlen anwenden.	7	Seite 139
Platzhalteraufgaben mit rationalen Zahlen lösen.	8	Seite 123, 124, 129, 131, 133, 137, 138

Seiten und Winkel eines Dreiecks, Dreiecksarten

Zu Seite 66

1

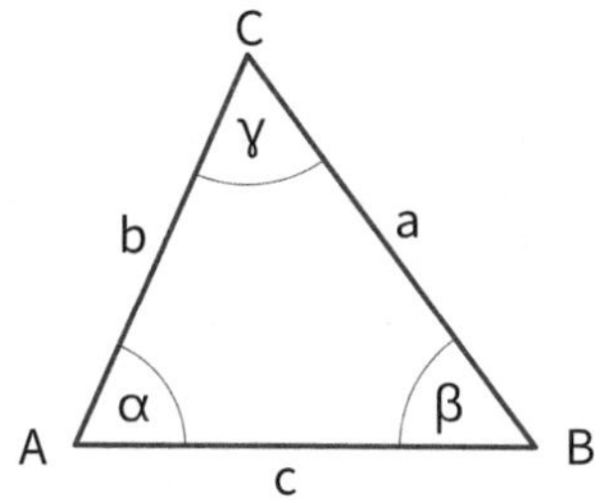

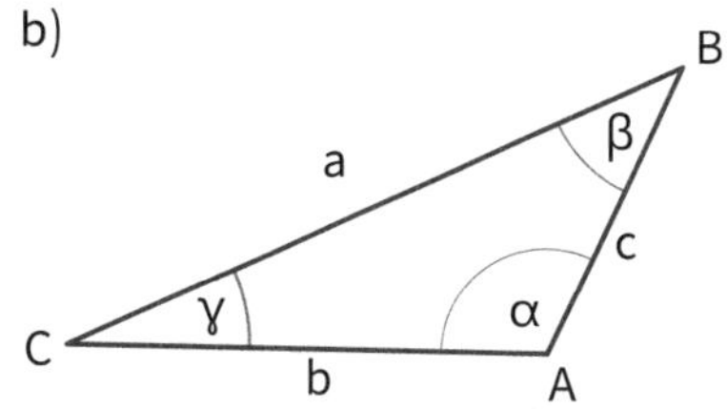

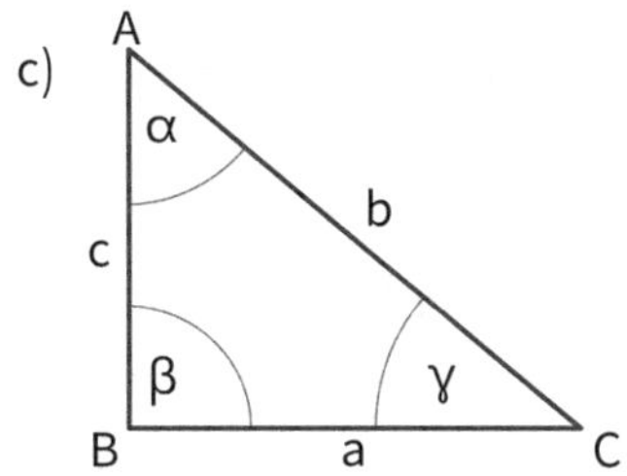

2

gleichseitig	gleichschenklig	unregelmäßig	spitzwinklig	rechtwinklig	stumpfwinklig
8	1; 2; 3; 5; 6; 7; 12; 13	4; 9; 10; 11; 14	8; 12; 13	1; 2; 3; 5; 6; 7	4; 9; 10; 11; 14

3 Seitenlängen – Winkelgrößen – gleichseitigen – gleichschenklig – unregelmäßiges – spitzwinklig – rechtwinkliges – stumpfwinkliges

Zu Seite 67

4

	Seitenlängen (in cm)			Winkelgrößen			Dreiecksart
	a	b	c	α	β	γ	
I	6,5	7,4	3,5	62°	90°	28°	rechtwinkliges Dreieck
II	6,0	6,0	6,0	60°	60°	60°	gleichseitiges, spitzwinkliges Dreieck
III	9,5	7,0	3,8	120°	40°	20°	stumpfwinkliges Dreieck

5

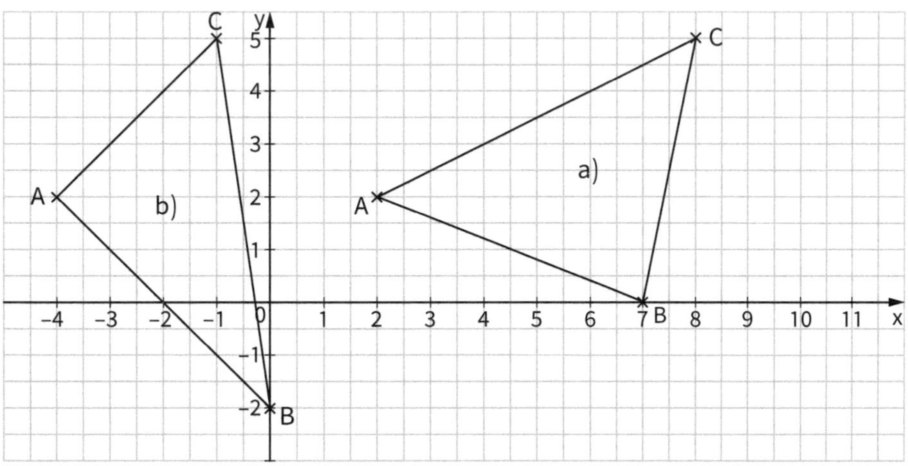

Lösungen

	Eckpunkte	Seitenlängen (in cm)			Winkelgrößen			Dreiecksart
		a	b	c	α	β	γ	
a)	A(2|2), B(7|0), C(8|5)	5,1	6,7	5,4	48°	80°	52°	spitzwinkliges Dreieck
b)	A(−4|2), B(0|−2), C(−1|5)	7,1	4,2	5,7	90°	37°	53°	rechtwinkliges Dreieck

Innenwinkel im Dreieck

Zu Seite 68

1 a) $\alpha = 60°$; $\beta = 25°$; $\gamma = 95°$ b) $\alpha = 100°$; $\beta = 20°$; $\gamma = 60°$

2 a) 60° b) 75° c) 60° d) 80° e) 70° f) 50°

3 a) $\alpha = 32°$; $\gamma = 48°$ b) $\delta = 35°$; $\varepsilon = 110°$

Winkel berechnen

Zu Seite 69

1 a) I

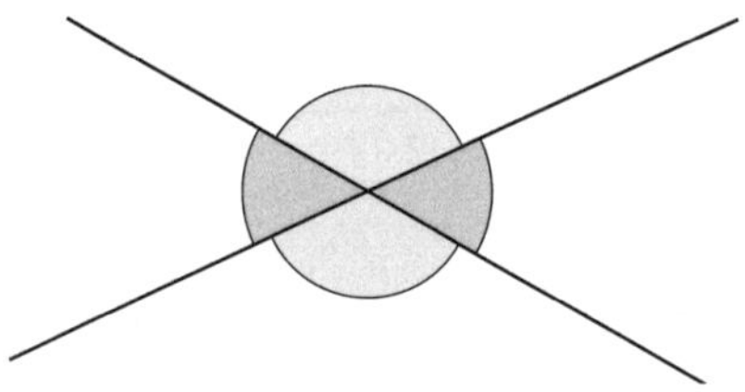

II

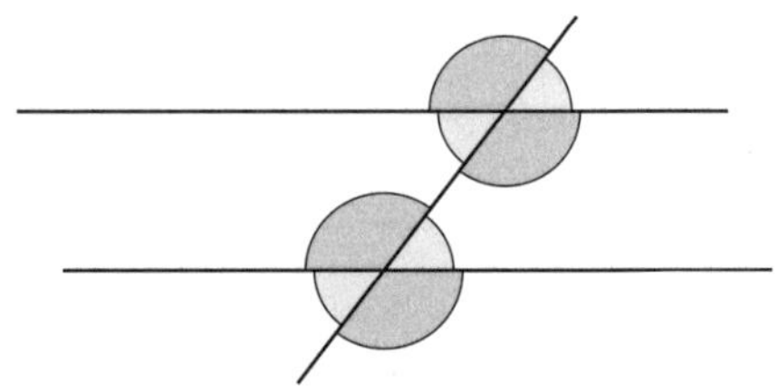

b) Geradenkreuzung – Nebenwinkel – Scheitelwinkel – Geradenkreuzungen – Stufenwinkel

2 a) $\alpha = 130°$; $\beta = 50°$ b) $\alpha = 100°$; $\beta = 80°$
c) $\alpha = 65°$; $\beta = 65°$ d) $\alpha = 60°$; $\beta = 60°$

3 a) $\alpha = 120°$; $\gamma = 60°$ b) $\alpha = 40°$; $\beta = 130°$

Besondere Linien im Dreieck: Höhe

Zu Seite 70

1 I

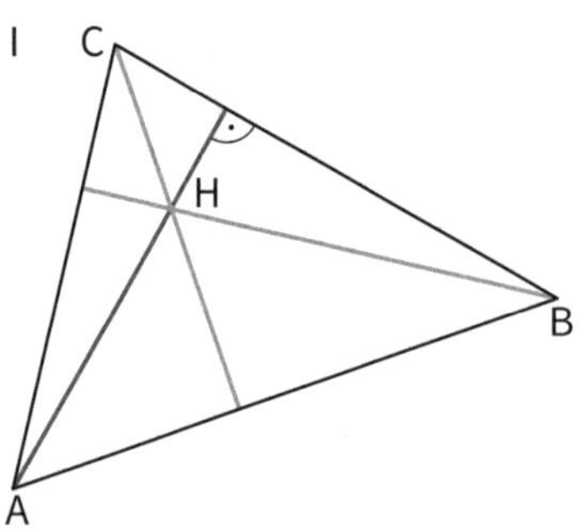

II

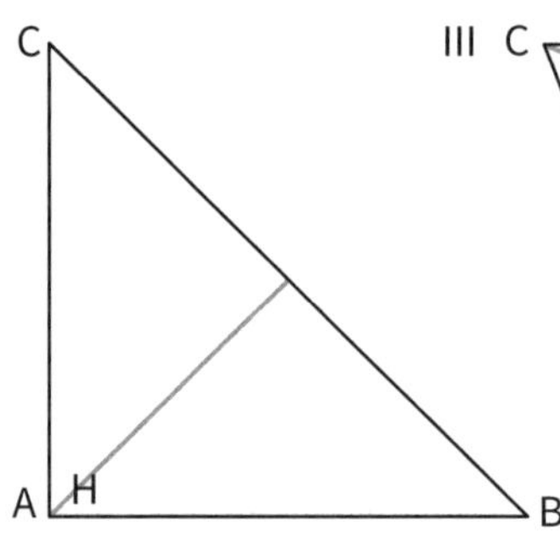

III

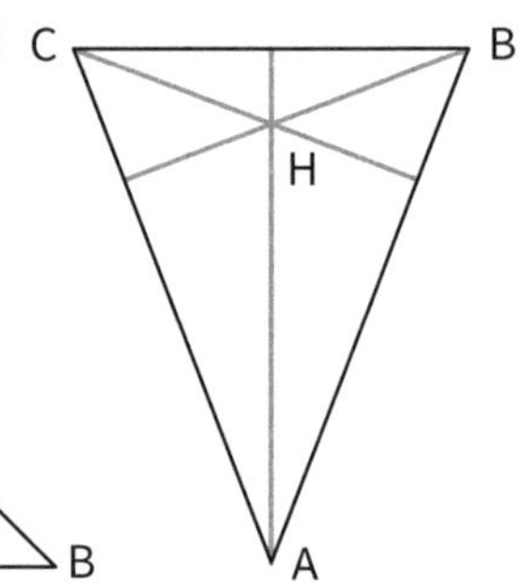

2 Dreieck I (in der Abbildung links): H (−5 | 2); Dreieck II (in der Abbildung rechts): H (6 | 1)

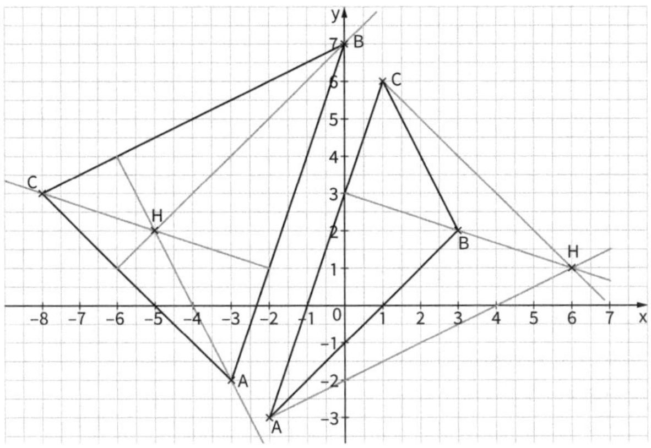

Besondere Linien im Dreieck: Mittelsenkrechte

Zu Seite 71

1 a)

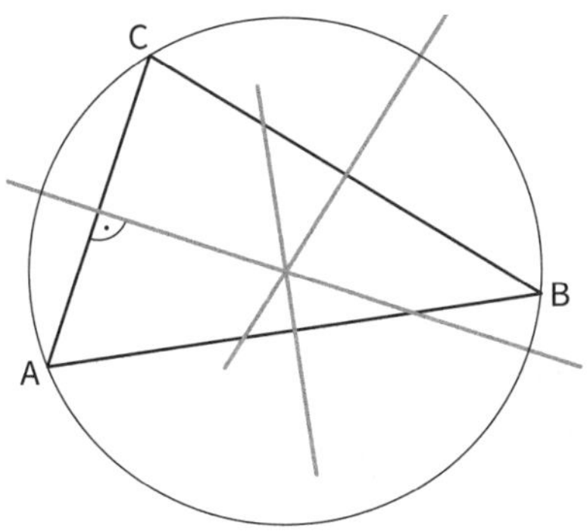

b) Zunächst wird zu jeder Dreiecksseite die Mittelsenkrechte mit einem Zirkel konstruiert. Der Schnittpunkt der Mittelsenkrechten ist der Mittelpunkt des Umkreises. Der Radius des Umkreises ist der Abstand des Mittelpunktes zu einer beliebigen Ecke des Dreiecks.

2

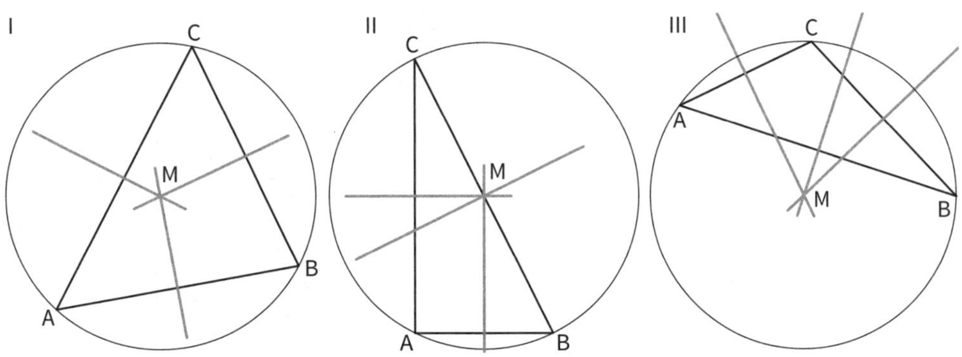

Dreieck I: In dem spitzwinkligen Dreieck liegt der Mittelpunkt des Umkreises innerhalb des Dreiecks.

Dreieck II: In dem rechtwinkligen Dreieck liegt der Mittelpunkt des Umkreises auf der Seite, die dem rechten Winkel gegenüberliegt.

Dreieck III: In dem stumpfwinkligen Dreieck liegt der Mittelpunkt des Umkreises außerhalb des Dreiecks.

Lösungen

Zu Seite 72

3

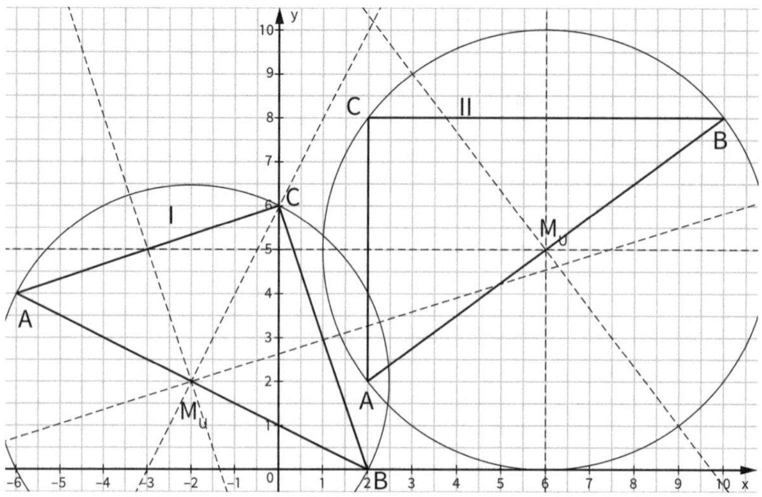

	Eckpunkte	Umkreismittelpunkt	Radius des Umkreises
Dreieck I	A (−6 | 4), B (2 | 0), C (0 | 6)	M_U (−2 | 2)	4,5 cm
Dreieck II	A (2 | 2), B (10 | 8), C (2 | 8)	M_U (6 | 5)	5 cm

4 a) Mittelsenkrechten des Dreiecks konstruieren; Schnittpunkt ist der Mittelpunkt des Umkreises
b) Entfernung: 68 m (in der Zeichnung: 3,4 cm)

Besondere Linien im Dreieck: Winkelhalbierende

Zu Seite 73

1 a) - c)

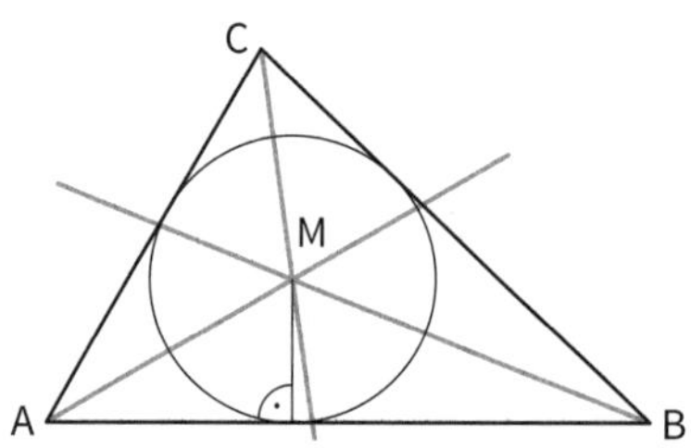

Radius: 1,6 cm

2

I Radius: 2,0 cm

II Radius: 1,9 cm

III Radius: 1,8 cm

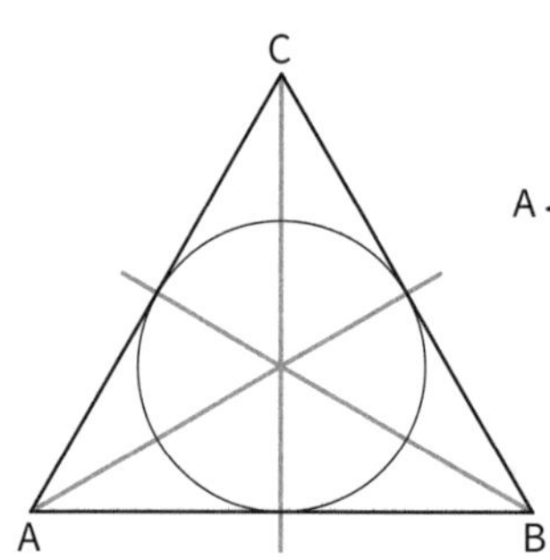

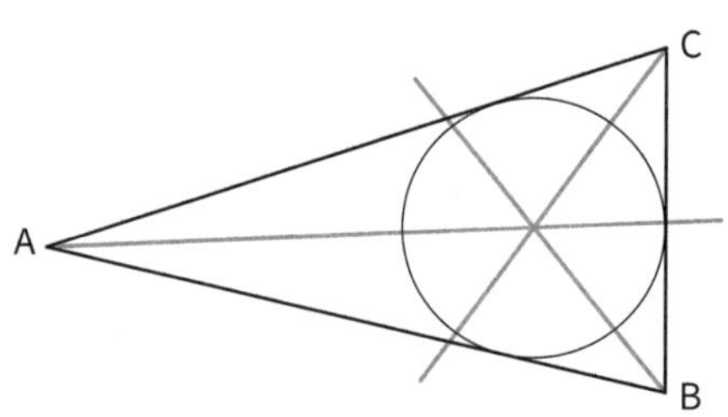

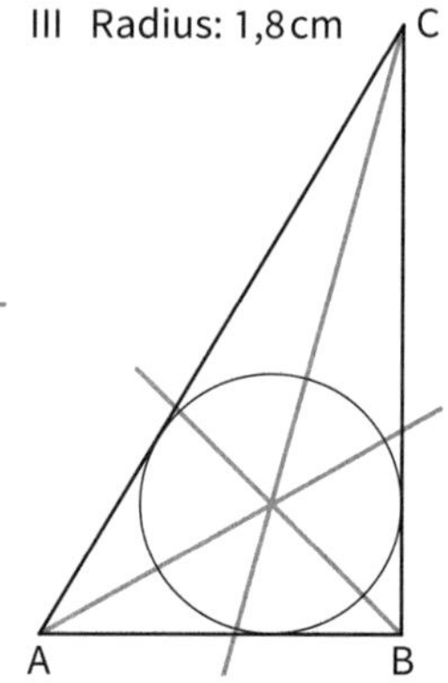

Zu Seite 74

3

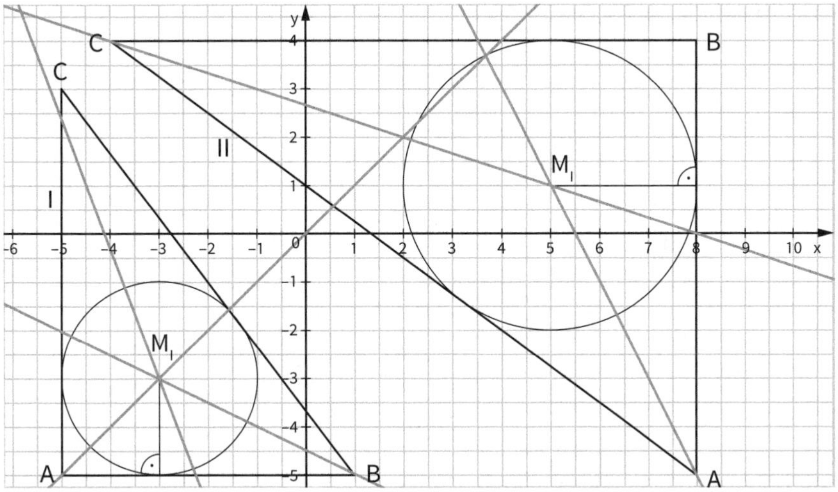

	Eckpunkte	Inkreismittelpunkt	Radius des Inkreises
Dreieck I	A (−5 | −5), B (1 | −5), C (−5 | 3)	M_I (−3 | −3)	2 cm
Dreieck II	A (8 | −5), B (8 | 4), C (−4 | 4)	M_I (5 | 1)	3 cm

4

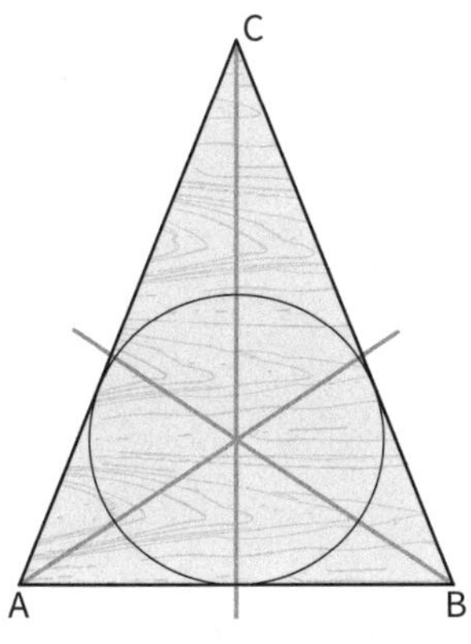

Radius: 2,5 cm in der Zeichnung entsprechen 125 cm in Wirklichkeit
Radius in Wirklichkeit: 125 cm = 1,25 m

Kongruente Figuren

Zu Seite 75

1 Ja, alle Teilfiguren sind zueinander kongruent, da sie in Größe und Form übereinstimmen.

2 Die Figuren F_1 und F_7 sind kongruent zueinander. Die Figuren F_3 und F_4 sind kongruent zueinander. Zudem sind die Figuren F_5, F_6 und F_9 kongruent zueinander.

3 a) Dreieck I: Winkel: 82°; 51°; 47° Seitenlängen: 5,2 cm; 7 cm; 5,5 cm
Dreieck II: Winkel: 84°; 45°; 51° Seitenlängen: 5,5 cm; 7 cm; 5 cm
Dreieck III: Winkel: 45°; 84°; 51° Seitenlängen: 7 cm; 5,5 cm; 5 cm

b) Die Dreiecke II und III sind kongruent zueinander, da sie in Winkelgrößen und Seitenlängen übereinstimmen.

Lösungen

Konstruktion von Dreiecken – SSS

Zu Seite 76

1 a)

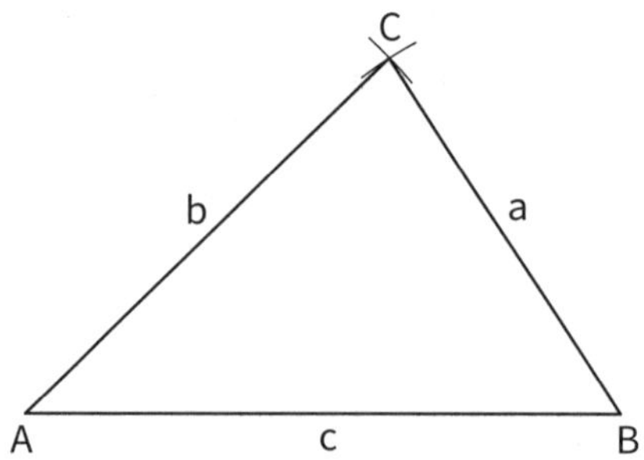

b) 1. Zeichne die Strecke $\overline{AB}$ = **c** = **7** cm.
2. Zeichne um Punkt **A** einen Kreisbogen mit dem Radius **b** = **6** cm.
3. Zeichne um Punkt **B** einen Kreisbogen mit dem Radius **a** = **5** cm.
4. Benenne den Schnittpunkt der Bögen mit **C.**
5. Verbinde **A** mit **C** und **B** mit **C.**

2 a)

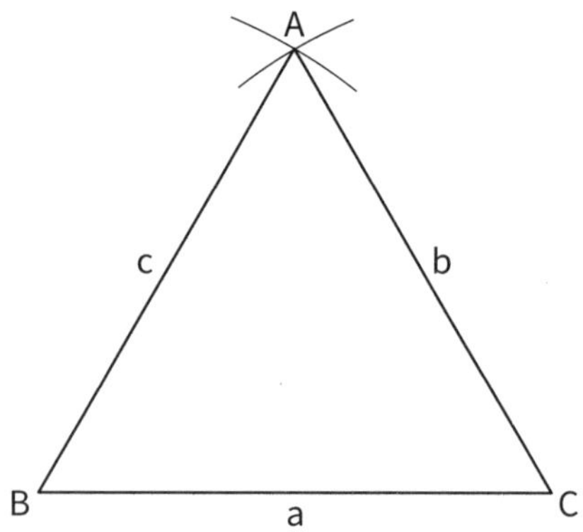

b) 1. Zeichne die Strecke $\overline{BC}$ = **a** = **7,5** cm.
2. Zeichne um Punkt **B** einen Kreisbogen mit dem Radius **c** = **7,5** cm.
3. Zeichne um Punkt **C** einen Kreisbogen mit dem Radius **b** = **7,5** cm.
4. Benenne den Schnittpunkt der Bögen mit **A**.
5. Verbinde **B** mit **A** und **C** mit **A**.

Konstruktion von Dreiecken – SWS

Zu Seite 77

1 a)

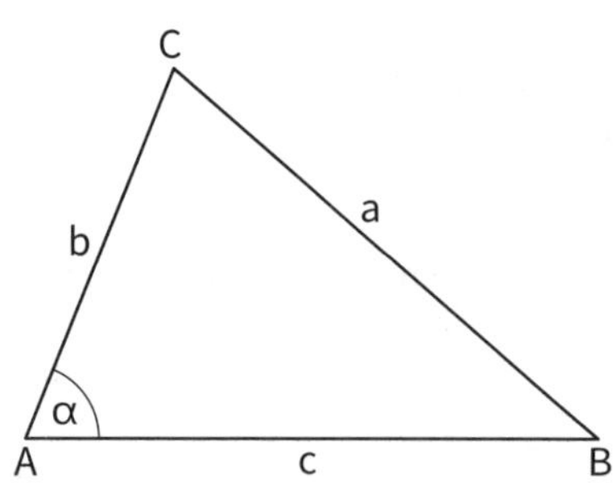

b) 1. Zeichne die Strecke $\overline{AB}$ = **c** = 6,2 cm.
   2. Trage in Punkt A an der Seite **c** den Winkel **α** = **68°** an.
   3. Zeichne auf dem Schenkel die Strecke $\overline{AC}$ = **b** mit einer Länge von **4,3** cm. Du erhältst den Punkt **C**.
   4. Verbinde Punkt **B** mit Punkt **C**.

2 a)

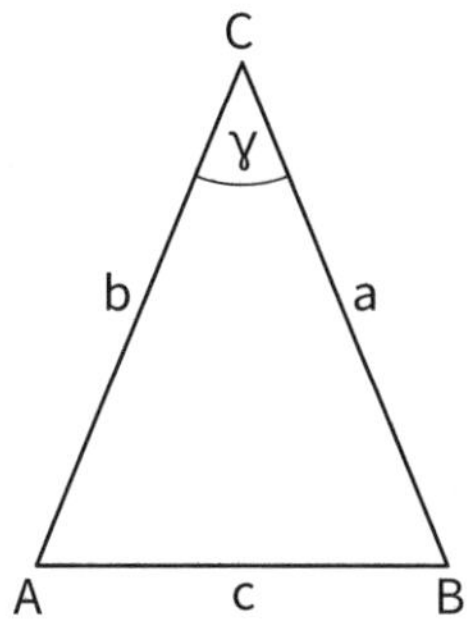

b) 1. Zeichne die Strecke $\overline{AC}$ = **b** = **4,7** cm.
   2. Trage in Punkt C an der Seite **b** den Winkel **γ** = **44°** an.
   3. Zeichne auf dem Schenkel die Strecke $\overline{BC}$ = **a** mit einer Länge von **4,7** cm. Du erhältst den Punkt **B**.
   4. Verbinde Punkt **A** mit Punkt **B**.

Konstruktion von Dreiecken – WSW

Zu Seite 78

1 a)

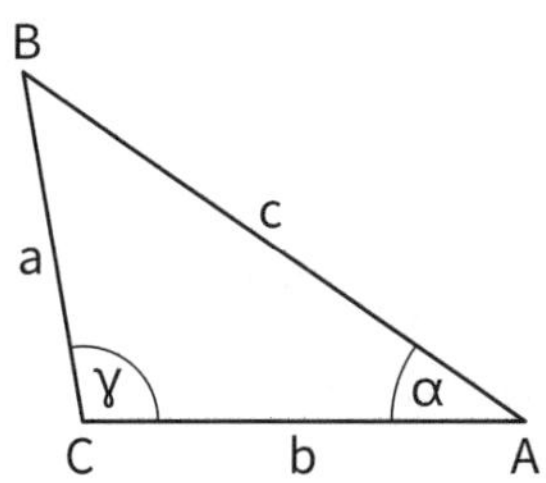

b) 1. Zeichne die Strecke $\overline{AC}$ = **b** = 3,8 cm mit den Punkten A und C.
   2. Trage in Punkt **A** an b den Winkel **α** = 35° an.
   3. Trage in Punkt **C** an b den Winkel **γ** = 100° an.
   4. Benenne den Schnittpunkt der Schenkel mit **B**.

2 a)

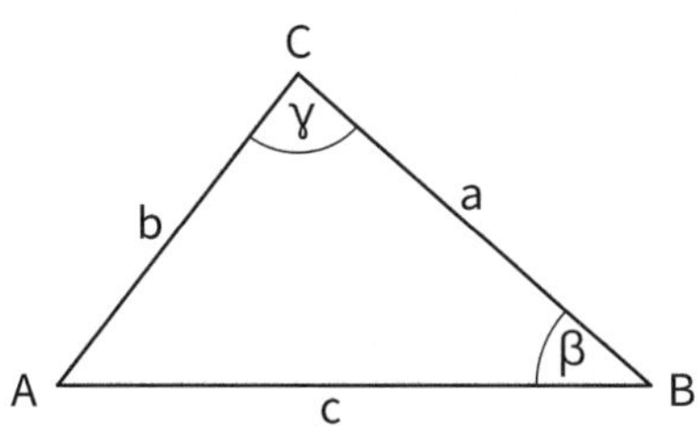

b) 1. Zeichne die Strecke $\overline{BC}$ = **a** = **4,5** cm mit den Punkten B und **C**.
   2. Trage in Punkt **B** an **a** den Winkel **β** = 42° an.
   3. Trage in Punkt **C** an **a** den Winkel **γ** = 85° an.
   4. Benenne den Schnittpunkt der Schenkel mit **A**.

Lösungen

Konstruktion von Dreiecken – SsW

Zu Seite 79

1 a)

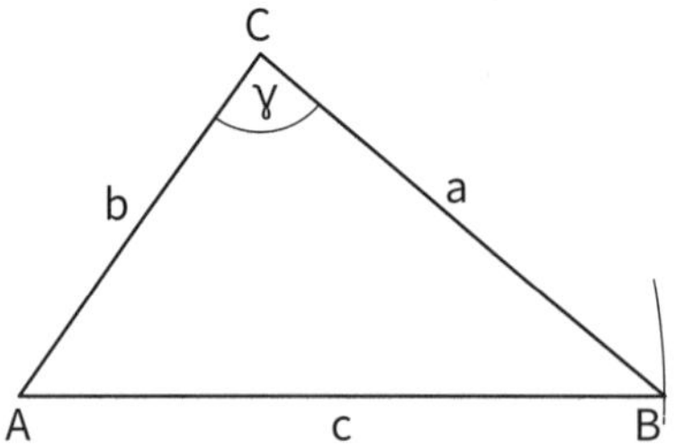

b) 1. Zeichne die Strecke $\overline{AC}$ = **b** = 3,5 cm.
2. Trage in Punkt C an **b** den Winkel **γ** = 85° an.
3. Zeichne um Punkt A einen Kreis mit dem Radius **c** = 5,4 cm.
Der Kreis schneidet den Schenkel in Punkt **B**.
4. Verbinde Punkt **A** mit Punkt **B**.

2 a)

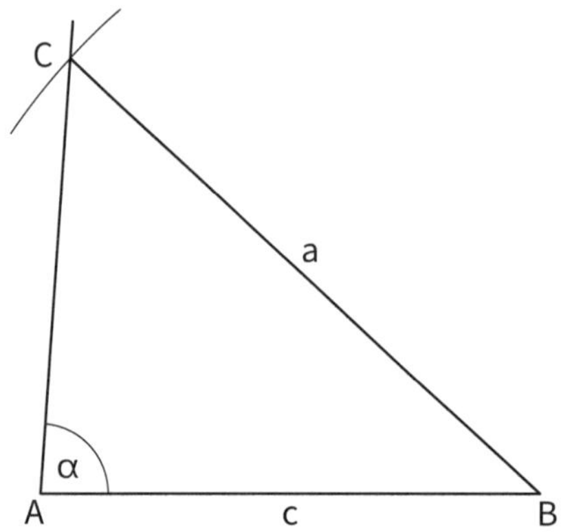

b) 1. Zeichne die Strecke $\overline{AB}$ = **c** = **5,0** cm. Du erhältst die Punkte A und B.
2. Trage in Punkt **A** an **c** den Winkel **α** = 86° an.
3. Zeichne um Punkt **B** einen Kreis mit dem Radius **a** = 6,4 cm.
Der Kreis schneidet den Schenkel in Punkt **C**.
4. Verbinde Punkt **B** mit Punkt **C**.

Sachaufgaben

Zu Seite 80

1

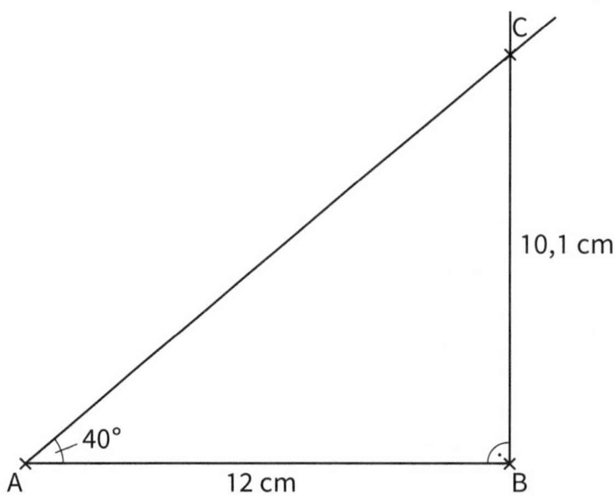

Breite des Flusses: 10,1 m

2

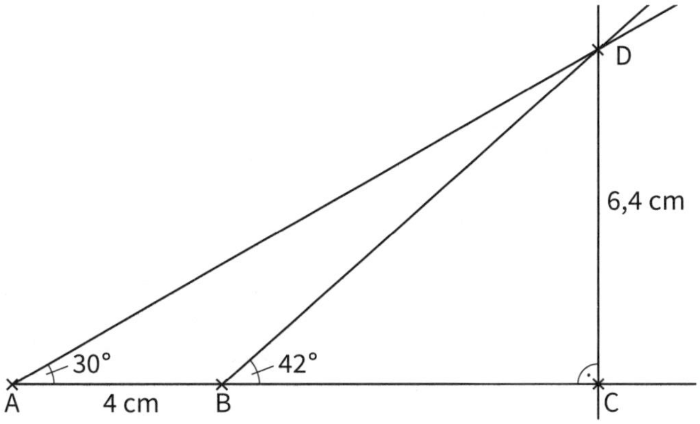

Höhe der Felswand: 64 m

Zu Seite 81

3

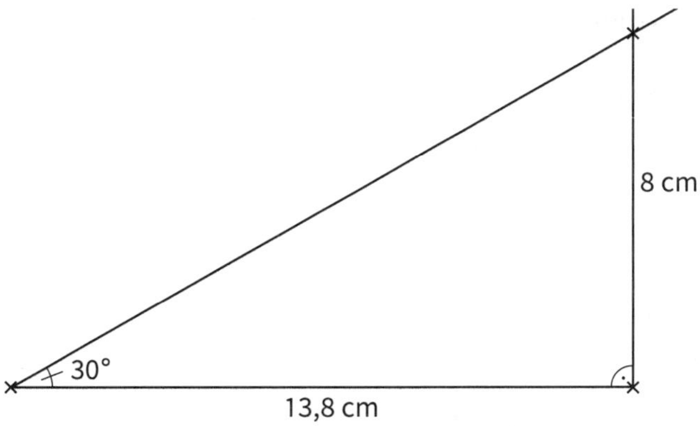

Höhe der Windkraftanlage: 80 m + 1,70 m = 81,70 m

4

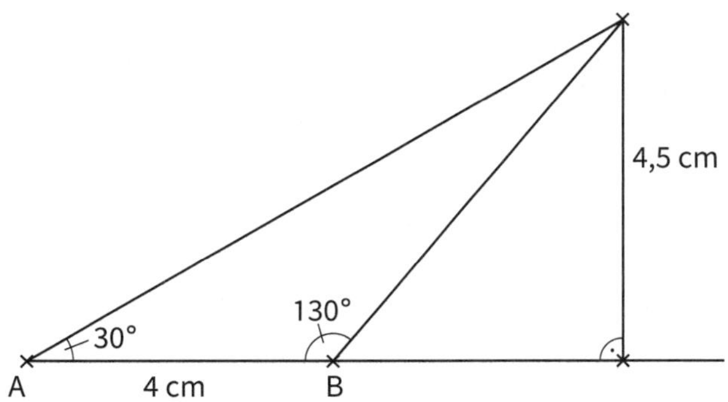

Höhe des Heißluftballons: 450 m

Lösungen

AUSGANGSTEST 6 – Dreiecke und Winkel: Auswertung

Kreuze deine richtigen Ergebnisse an.

Zu Seite 82

1

$\alpha = 60°$	$\beta = 70°$	$\alpha = 110°$	$\gamma = 60°$	$\gamma = 90°$
unregelmäßig, spitzwinklig	gleichschenklig, spitzwinklig	unregelmäßig, stumpfwinklig	gleichseitig, spitzwinklig	unregelmäßig, rechtwinklig
☐	☐	☐	☐	☐

2

Aussage	wahr	falsch	
Im rechtwinkligen Dreieck ist die Summe der beiden anderen Winkel 90°.	x		☐
Ein Dreieck kann zwei stumpfe Winkel haben.		x	☐
Ein Dreieck kann drei spitze Winkel haben.	x		☐
Wenn zwei Winkel in einem Dreieck gleich groß sind, sind auch zwei Seiten gleich lang.	x		☐
Ein Dreieck kann zwei rechte Winkel haben.		x	☐

3

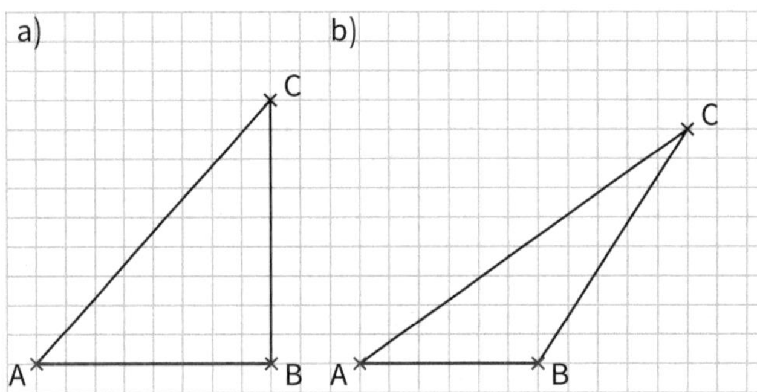

☐

In den Zeichnungen ist jeweils eine Möglichkeit dargestellt. Der rechte Winkel bzw. der stumpfe Winkel könnte auch bei Punkt A oder C liegen.

4 a) $\beta = 118°$, $\gamma = 62°$; $\delta = 118°$ ☐ b) $\alpha = 97°$; $\beta = 122°$ ☐ c) $\beta = 48°$ ☐

Zu Seite 83

5 Dreieck I

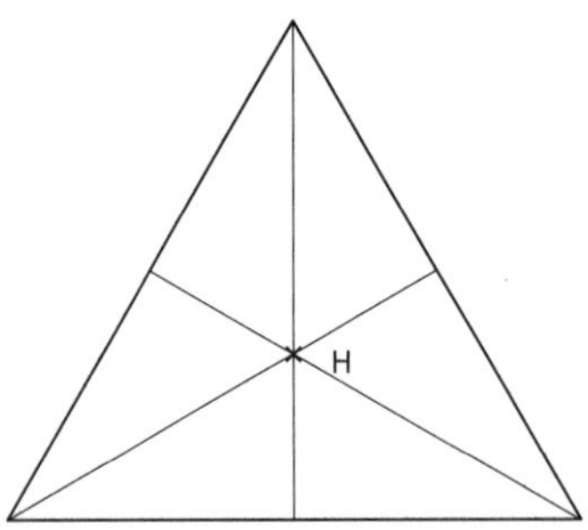

☐

Der Schnittpunkt der Höhen liegt innerhalb des Dreiecks

Dreieck II

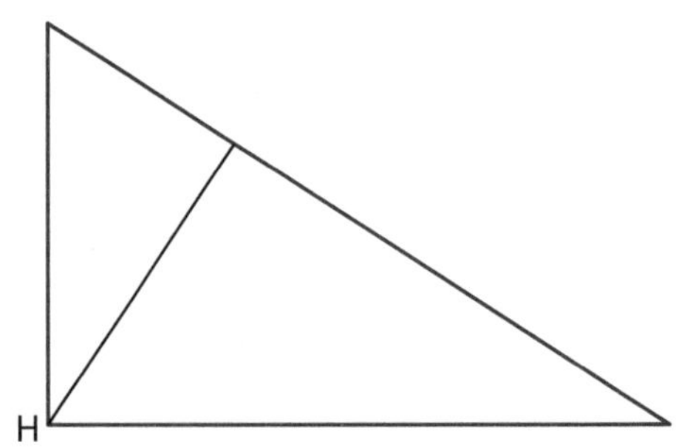

☐

Der Schnittpunkt der Höhen liegt auf einer Dreiecksseite.

Lösungen

6 a) Kongruenzsatz: SSS

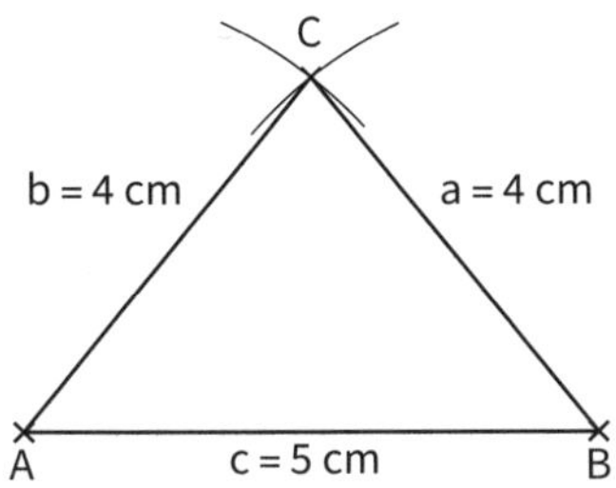

☐

b) Kongruenzsatz: WSW

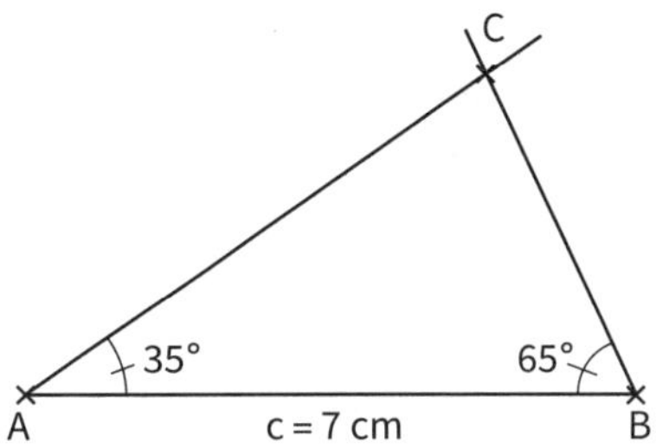

☐

7 Maßstab: 1 : 100

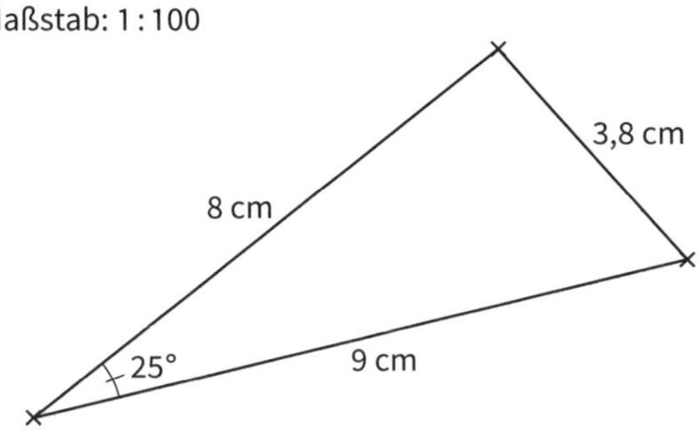

Länge der Brücke: 3,8 m

☐

Ich kann ...	Aufgabe	Hilfen und Aufgaben im Lehrbuch
Dreiecke nach Seiten und Winkeln einteilen.	1	Seite 148, 149
Aussagen zu Dreiecken und Winkeln bewerten.	2	Seite 150, 151, 152, 171
Dreiecke nach Vorgaben zeichnen.	3	Seite 148
Winkel in Dreiecken und an Geradenkreuzungen berechnen.	4	Seite 150, 151, 152, 171, 172
die Höhen im Dreieck einzeichnen.	5	Seite 153, 154, 173
Dreiecke aus gegebenen Stücken konstruieren und den Kongruenzsatz angeben.	6	Seite 162 – 165, 174
Sachaufgaben mithilfe von maßstäblichen Konstruktionen lösen.	7	Seite 175, 176

Lösungen

Zahlenterme

Zu Seite 84

1
a) Preis (€) für einen Borstenpinsel: 0,60
Preis (€) für einen Haarpinsel: 0,50
Term: $3 \cdot 0{,}60 + 5 \cdot 0{,}50$
Gesamtpreis (€): 4,30
b) Preis (€) für einen Zeichenblock: 1,40
Preis (€) für einen Haarpinsel: 0,50
Term: $2 \cdot 1{,}40 + 4 \cdot 0{,}50$
Gesamtpreis (€): 4,80
c) Term: $1 \cdot 8{,}50 + 1 \cdot 1{,}40 + 2 \cdot 0{,}60$
Gesamtpreis (€): 11,10
d) Term: $1 \cdot 8{,}50 + 2 \cdot 1{,}40 + 6 \cdot 0{,}50$
Gesamtpreis (€): 14,30

2
a) Term: $10 - 1 \cdot 1{,}40 - 3 \cdot 0{,}60$
Antwort: Er erhält 6,80 € zurück.
b) Term: $20 - 1 \cdot 8{,}50 - 2 \cdot 1{,}40 - 2 \cdot 0{,}60 - 3 \cdot 0{,}50$
Antwort: Er erhält 6,00 € zurück.

Zu Seite 85

3
a) 60, 20, 31
b) 60, 6, 15
c) 160, 5, 150
d) 45, 21, 0

4
a) $15 \cdot 4 + 11 = 71$
b) $(29 - 15) \cdot 3 = 42$
c) $(31 + 19) : 5 = 10$
d) $50 - 3 \cdot 8 = 26$
e) $2 \cdot 9 + 8 \cdot 4 = 50$
f) $(21 - 8) - 11 = 2$

5

	Term	Art des Terms	Wert des Terms
a)	$8 \cdot 4 - 12$	Differenz	20
b)	$(20 - 9) \cdot 3$	Produkt	33
c)	$5 \cdot 6 + 2 \cdot 10$	Summe	50
d)	$40 : (21 - 13)$	Quotient	5

6
a) Addiere 16 und 5.
b) Subtrahiere 4 von 19.
c) Addiere 2 zum Produkt aus 4 und 8.
d) Subtrahiere das Produkt aus 4 und 6 von 30.

Terme mit Variablen

Zu Seite 86

1
a) $0{,}60 + x \cdot 0{,}50$
b) $0{,}80 + x \cdot 0{,}70$
c) $0{,}70 + x \cdot 0{,}80$
d) $0{,}60 + x \cdot 0{,}90$
e) $0{,}80 + 0{,}90 + x \cdot 0{,}50$
f) $0{,}60 + 1{,}60 + x \cdot 0{,}40$

2 –

Zu Seite 87

3 a) Term: $1{,}80 + x \cdot 0{,}80$

Anzahl der Käsebrötchen	2	3	4	5
Gesamtpreis (€)	3,40	4,20	5,00	5,80

b) Term: $1{,}20 + x \cdot 0{,}90$

Anzahl der Äpfel	2	3	4	5
Gesamtpreis (€)	3,00	3,90	4,80	5,70

4 Paul: ein Päckchen Fruchtsaft und mehrere Müsliriegel
Elias: ein Päckchen Kakao und mehrere Schokoriegel
Linus: zwei Käsebrötchen und mehrere Äpfel
Noah: zwei Äpfel und mehrere Päckchen Saft

5 a) Term: $5 - x \cdot 0{,}60$
b)

Anzahl der Päckchen Kakao	2	3	4	5
Gesamtpreis (€)	1,20	1,80	2,40	3,00

c) Sie kann höchstens 8 Päckchen Kakao kaufen.

6 a) Term: $10 - x \cdot 0{,}90$
b)

Anzahl der Äpfel	2	3	4	5
Gesamtpreis (€)	1,80	2,70	3,60	4,50

c) Er kann höchstens 11 Äpfel kaufen.

Zu Seite 88

7 a) $11 \cdot x$ b) $x - 23$ c) $x : 2$ d) $16 + x$
e) $x + 1$ f) $x - 8$ g) x^2 h) $8 \cdot x + 1$

8 a)

x	$3 \cdot x + 4$
1	7
2	10
3	13
4	16
5	19
6	22

b)

x	$4 \cdot x - 3$
1	1
2	5
3	9
4	13
5	17
6	21

c)

x	$2 \cdot x - 15$
10	5
20	25
30	45
40	65
50	85
60	105

d)

x	$7 \cdot x + 6$
2	20
4	34
6	48
8	62
10	76
12	90

Lösungen

9

	a)	b)	c)	d)	e)	f)	g)	h)	i)
x	7 · x	x : 3	x − 5	x + 11	2 · x + 3	3 · x − 4	2 · x + 4 · x	100 − x	60 − 2 · x
6	42	2	1	17	15	14	36	94	48
9	63	3	4	20	21	23	54	91	42
15	105	5	10	26	33	41	90	85	30
30	210	10	25	41	63	86	180	70	0

		k)	l)	m)	n)	o)	p)	q)	r)
x	y	x + y	x − y	x · y	x : y	2 · x − y	3 · x + y	80 − x − y	4 · x + 2 · y
8	4	12	4	32	2	12	28	68	40
10	2	12	8	20	5	18	32	68	44
20	5	25	15	100	4	35	65	55	90
40	1	41	39	40	40	79	121	39	162

Terme ordnen und zusammenfassen

Zu Seite 89

1 a) 8a, 15b, 16x b) 21y, 30z, 18x c) 3ab, 7rs, 9uv d) 24xy, 10ab, 21rs e) 36pq, 10abc, 72vw

2 a) 7x, 13a, 13u b) 10x, 6a, 12t c) 20x, 20v, 6p d) 9x + 13y, 14a + 8b, 11r + 12s
e) 17p + 3q, 5r + 3s, 9v + 7w f) 10z + 29, 20t + 25, 16k + 7 g) r, 3t + 3, 3v + 2w h) 40x + 40y + 20z, 10a + 2b + c, 10u + 2v + 2

AUSGANGSTEST 7 – Variablen und Terme: Auswertung

Kreuze deine richtigen Ergebnisse an.

Zu Seite 90

1 a) Wert: 29, Wert: 21 ☐ b) Wert: 6, Wert: 77 ☐

2 a) 3 · 5 = 15 ☐ b) 9 − 7 = 2 ☐ c) 12 + 6 · 4 = 36 ☐ d) (8 + 2) · 5 = 50 ☐

3 a) x + 6 ☐ b) x − 13 ☐ c) x : 2 ☐ d) 2x ☐

4 a) 1,20 + x · 0,70 ☐
b)

Anzahl der Fineliner	1	3	5	7	10
Gesamtpreis des Einkaufs (€)	1,90	3,30	4,70	6,10	8,20

☐

5

	a)	b)	c)	d)
x	6x	x − 4	x + 5	x : 2
8	48	4	13	4
12	72	8	17	6
20	120	16	25	10

☐

		e)	f)	g)
x	y	x · y	x − y	x + y + 1
8	7	56	1	16
9	1	9	8	11
10	5	50	5	16

☐

Lösungen

6 a) $32a$ ☐ $18x$ ☐ b) $21y$ ☐ $20z$ ☐ c) $3ab$ ☐ $6xy$ ☐

	a)		b)		c)	
6	$32a$ $18x$	☐	$21y$ $20z$	☐	$3ab$ $6xy$	☐
7	$7x$ $6x$	☐	$4a+6b$ $5u+5v$	☐	$9t+5$ $2z+9$	☐

Ich kann ...	Aufgabe	Hilfen und Aufgaben im Lehrbuch
den Wert von Zahlentermen berechnen.	1, 2	Seite 190, 191
zu einem Text einen passenden Term angeben.	2, 3	Seite 185, 191
einen Sachverhalt mithilfe eines Terms beschreiben.	4	Seite 182, 191
in Termen für die Variablen jeweils eine Zahl einsetzen und den Wert des Terms berechnen.	4, 5	Seite 185, 186, 191
Terme ordnen.	6	Seite 187, 188, 192
Terme zusammenfassen.	7	Seite 187, 188, 192

Lösungen

Beilage zum Arbeitsheft Mathematik 7G

Bildquellennachweis
|Rosier, Susanne, Braunschweig: 40.1, 41.1.
Technische Zeichnungen: Technisch-Grafische Abteilung Westermann
Druck und Bindung: Westermann Druck GmbH, Georg-Westermann-Allee 66, 38104 Braunschweig

ISBN 978-3-14-**117580**-6

1 Zuordnungen

Zuordnungen und ihre Darstellungen

1 Die Schülerinnen und Schüler einer Gesamtschule kommen aus verschiedenen Orten.
Mila, Pia, Sara und Elias kommen aus Baumberg, Anna, Noah und Felix aus Holzheim, Jonas, Ben und Leon aus Neurath und Hanna und Clara aus Obertal.

Die Zuordnung „Name → Wohnort“ soll durch ein Pfeildiagramm dargestellt werden.

Ordne jeder Schülerin und jedem Schüler den Wohnort zu. Vervollständige dazu das Pfeildiagramm.

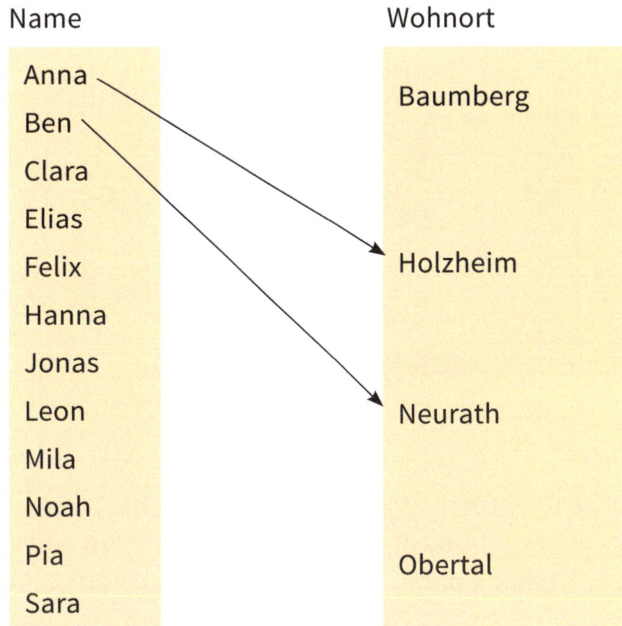

2 Im Pfeildiagramm ist jeder Schülerin und jedem Schüler das Verkehrsmittel zugeordnet, mit dem der Schulweg zurückgelegt wird.
Übertrage die im Pfeildiagramm dargestellte Zuordnung „Name → Verkehrsmittel“ in eine Tabelle.

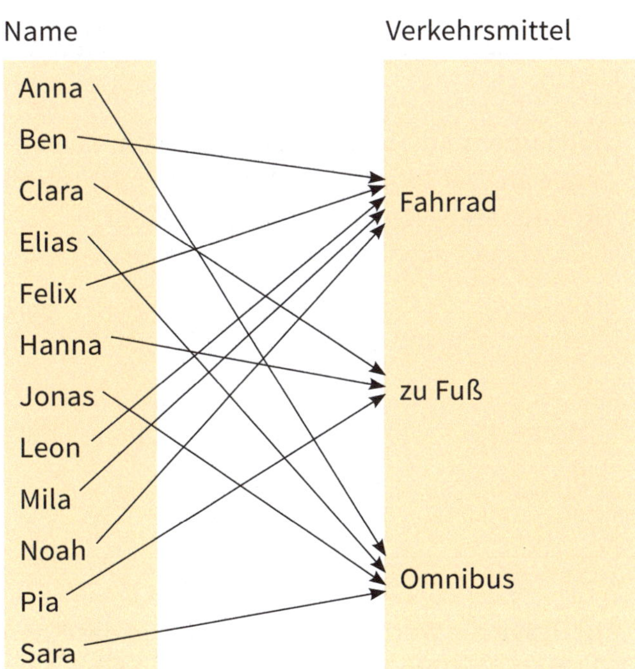

Name	Verkehrsmittel
Anna	Omnibus

3 Im Fach Mathematik hat Leon die Note sehr gut, Hanna, Mila, Noah und Pia haben die Note gut, Anna, Clara, Jonas und Sara die Note befriedigend und Ben, Elias und Felix die Note ausreichend.
Stelle die Zuordnung „Note → absolute Häufigkeit der Note“ in einer Tabelle dar.

Note	1	2	3	4
absolute Häufigkeit				

Zuordnungen und ihre Darstellungen

4

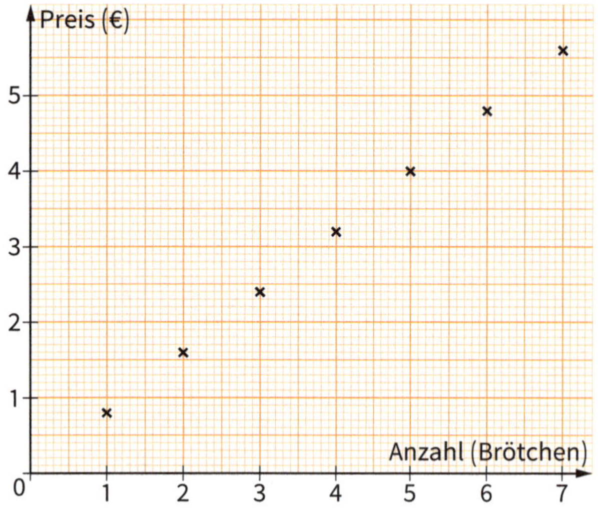

Ein Bäcker bietet auch Möhrenbrötchen an. Die Zuordnung „Anzahl der Brötchen → Preis“ ist im Koordinatensystem grafisch dargestellt. Ermittle anhand des Graphen zu jeder Anzahl den zugehörigen Preis.

Anzahl	1	2	3	4
Preis (€)				

Anzahl	5	6	7	8
Preis (€)				

5 a) Ein Brötchen kostet 0,30 €. Stelle die Zuordnung „Anzahl der Brötchen → Preis“ in einer Tabelle dar.

Anzahl	1	2	3	4
Preis (€)	*0,30*			

Anzahl	5	6	7	8
Preis (€)				

b) Trage die Wertepaare als Punkte in das Koordinatensystem ein.

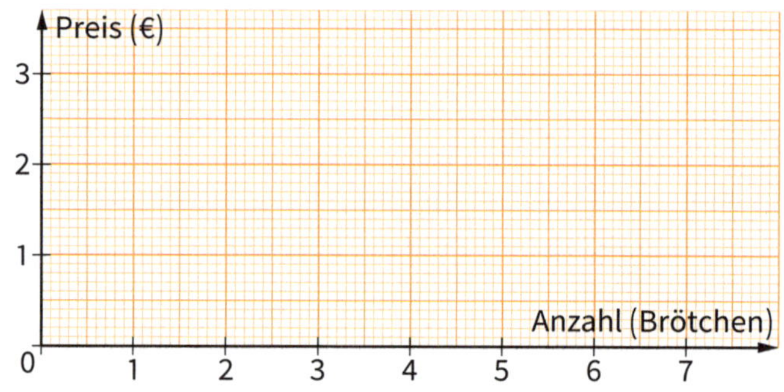

6

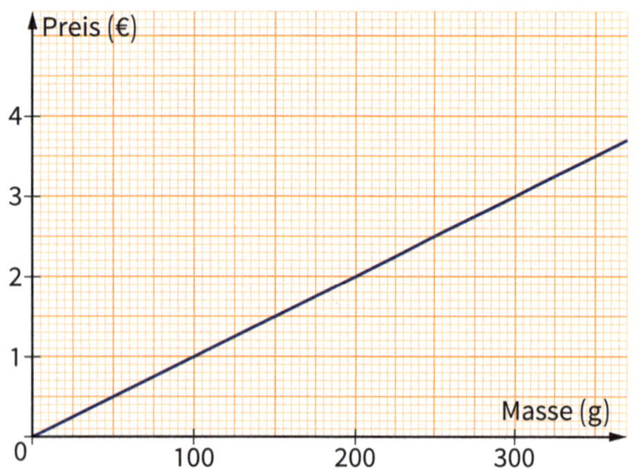

Ein Supermarkt bietet Salami zu einem Sonderpreis an. Die Zuordnung „Masse → Preis“ ist im Koordinatensystem grafisch dargestellt. Vervollständige die Tabelle mithilfe des Graphen.

Masse (g)	50	100	150	200
Preis (€)				

Masse (g)	250	300	350	400
Preis (€)				

7 Ein Kilogramm Rinderfilet kostet 50 €.

a) Stelle die Zuordnung „Masse → Preis“ in einer Tabelle dar.

Masse (kg)	0	1	2	3
Preis (€)		*50*		

Masse (kg)	4	5	6	7
Preis (€)				

b) Trage die Wertepaare als Punkte in das Koordinatensystem ein. Verbinde die Punkte.

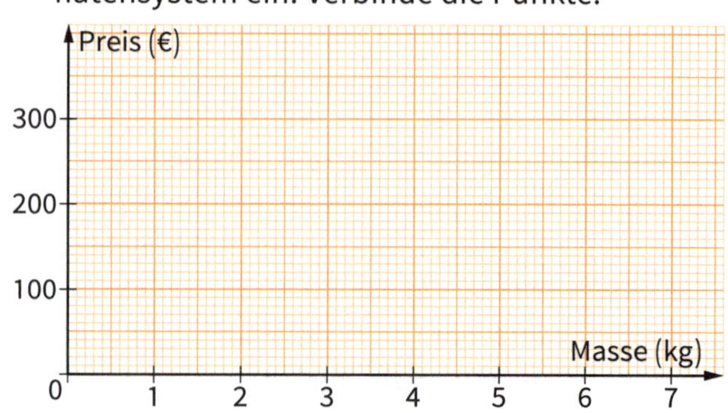

Zuordnungen und ihre Darstellungen

8 In der Abbildung siehst du die Temperaturkurve, die der Temperaturschreiber einer Wetterstation im Verlaufe eines Herbsttages aufzeichnete.

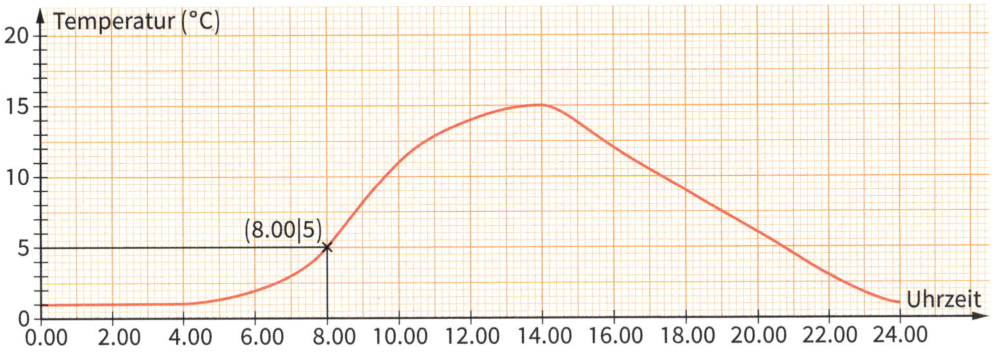

Vervollständige die Tabelle. Lies dazu die fehlenden Werte aus der Temperaturkurve ab.

Uhrzeit	2.00	4.00	6.00	8.00	10.00	12.00	14.00	16.00	18.00	20.00	22.00	24.00
Temperatur (°C)				*5*								

9 Zum Zeichnen einer Temperaturkurve hat Jan in Abständen von 2 Stunden jeweils die Temperatur gemessen und in eine Tabelle eingetragen.
Trage die Zahlenpaare als Punkte in das Koordinatensystem ein. Zeichne durch die Punkte eine Kurve.

Uhrzeit	2.00	4.00	6.00	8.00	10.00	12.00	14.00	16.00	18.00	20.00	22.00	24.00
Temperatur (°C)	11	10	12	16	22	26	28	26	23	20	16	14

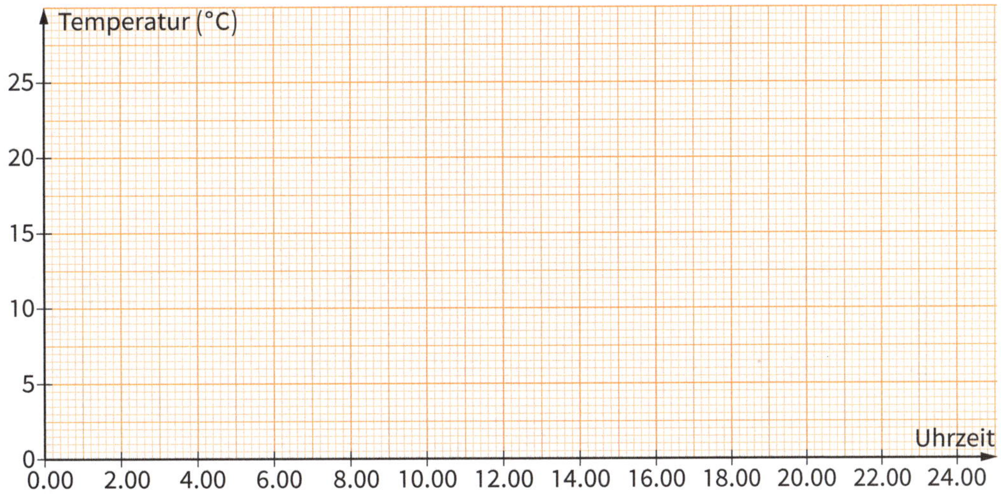

10 In die abgebildeten Gefäße läuft gleichmäßig Wasser. Für jedes Gefäß wird die Zuordnung „Zeit → Füllhöhe" grafisch dargestellt. Ordne jedem Gefäß die richtige Füllkurve zu.

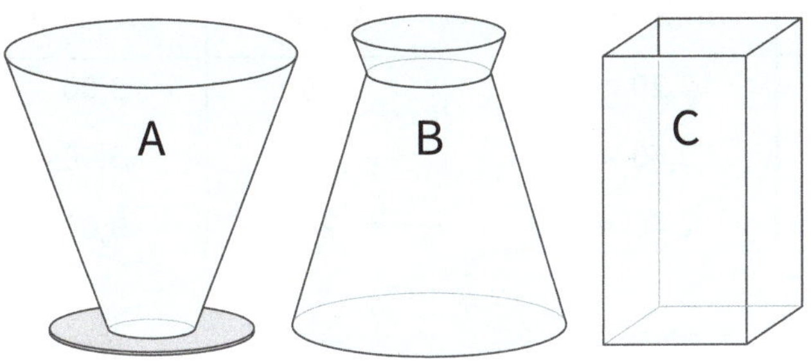

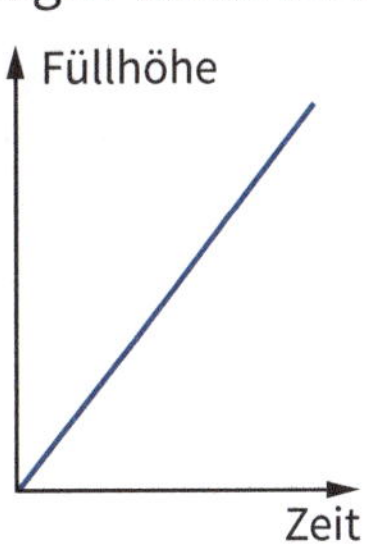

Gefäß: ______

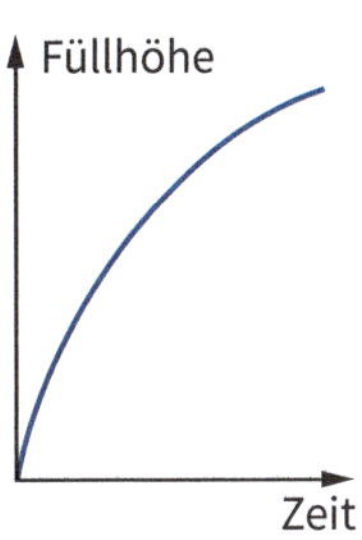

Gefäß: ______

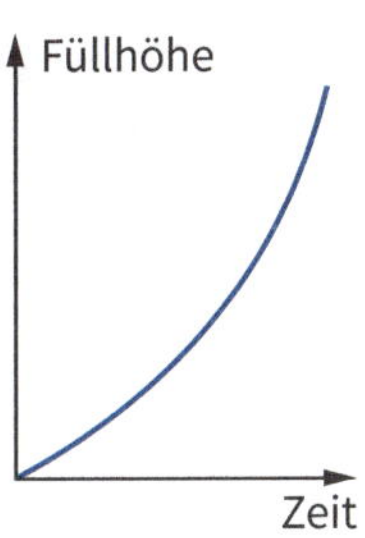

Gefäß: ______

Proportionale Zuordnungen

1 a) Zwei Flaschen Mineralwasser kosten im Schulkiosk 1,20 €.

Verdoppelst du die Anzahl der Flaschen, verdoppelt sich auch der Preis. Verdreifachst du die Anzahl der Flaschen, verdreifacht sich auch der Preis. Die Zuordnung „Anzahl Flaschen → Preis“ ist proportional.

Vervollständige die Tabelle.

Anzahl Flaschen	Preis (€)
2	1,20
·2 → 4	·2 →
·3 → 6	·3 →
·4 → 8	·4 →

b) Zwölf Kopien kosten im Copy-Shop 2,40 €.

Halbierst du die Anzahl der Kopien, halbiert sich auch der Preis. Dividierst du die Anzahl der Kopien durch 3, musst du auch den Preis durch 3 dividieren. Die Zuordnung „Anzahl Kopien → Preis“ ist proportional.

Vervollständige die Tabelle.

Anzahl Kopien	Preis (€)
12	2,40
:2 → 6	:2 →
:3 → 4	:3 →
:4 → 3	:4 →

2 Die folgenden Zuordnungen sind proportional. Berechne die fehlenden Werte.

a)

Masse (kg)	Preis (€)
2	1,50
4	
6	
8	

b)

Masse (g)	Preis (€)
1 000	16
500	
250	
100	

c)

Anzahl	Preis (€)
12	18
4	
3	
2	

d)

Masse (kg)	Preis (€)
3	7
9	
15	
21	

e)

Masse (g)	Preis (€)
2 400	36
800	
400	
200	

f)

Anzahl	Preis (€)
48	24
6	
8	
12	

3 Überprüfe, ob die Zuordnung proportional ist.

a)

Anzahl	Preis (€)
3	1,20
6	2,40
9	3,60

ja: ☐ nein: ☐

b)

Anzahl	Preis (€)
24	7,20
12	3,60
8	2,40

ja: ☐ nein: ☐

c)

Anzahl	Preis (€)
5	3,00
10	5,00
20	9,00

ja: ☐ nein: ☐

Proportionale Zuordnungen

4 Die folgenden Zuordnungen sind proportional. Berechne die fehlenden Werte.

a)

	Masse (kg)	Preis (€)	
	2	5	
·2	4		·2
·3	6		·3

b)

	Masse (g)	Preis (€)	
	1 200	6	
:2	600		:2
:3	400		:3

c)

Anzahl	Preis (€)
12	10,80
4	
3	

d)

Masse (kg)	Preis (€)
2,5	4,90
7,5	
12,5	

e)

Masse (g)	Preis (€)
2 400	6,60
800	
400	

f)

Anzahl	Preis (€)
48	14,40
6	
8	

5 Die folgenden Zuordnungen sind proportional. Berechne die fehlenden Werte.

a)

Masse (kg)	Preis (€)
2	1,20
4	
6	
8	
1	
3	

b)

Masse (g)	Preis (€)
1 800	5,40
900	
600	
300	
100	
500	

c)

Anzahl	Preis (€)
24	4,80
12	
8	
4	
1	
7	

6 a) Sechs Brötchen kosten beim Bäcker 2,40 €.
Wie viel Euro kosten 3 (2, 1, 4, 9, 5) Brötchen?
Lege eine Tabelle an und berechne die Preise.

b) Vier Kilogramm Äpfel kosten 7,20 €.
Wie viel Euro kosten 2 (1, 6, 5) Kilogramm?
Lege eine Tabelle an. Wie viel Kilogramm Äpfel bekommst du für 5,40 €?

Graphen proportionaler Zuordnungen

1 Für Wurst aus der Fleischerei ist die Zuordnung „Masse → Preis“ proportional.

a) Bestimme die fehlenden Werte.

Masse (g)	Preis (€)
400	2,00
200	
100	
600	
500	
700	

b) Trage auch die übrigen Zahlenpaare als Punkte in das Koordinatensystem ein.

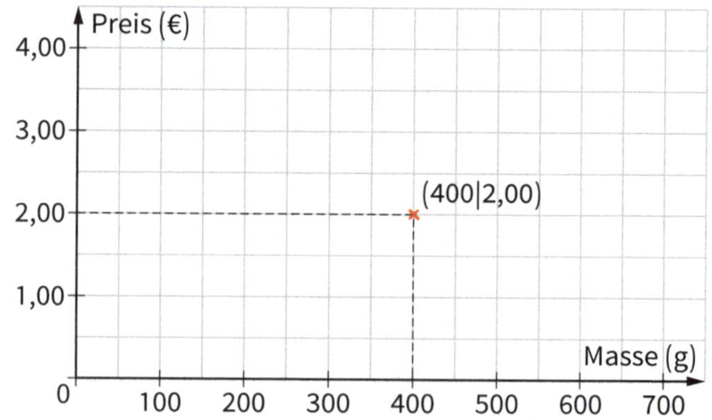

c) Zeichne durch die eingezeichneten Punkte eine Gerade.

2 2,5 dm³ Glas haben eine Masse von 5,5 kg, 2,5 dm³ Granit wiegen 7,0 kg. Die Zuordnung „Volumen → Masse“ ist für beide Materialien proportional.

a) Vervollständige beide Tabellen.

Glas

Vol. (dm^3)	Masse (kg)
2,5	5,5
0,5	
1,0	
1,5	
2,0	

Granit

Vol. (dm^3)	Masse (kg)
2,5	7,0
0,5	
1,0	
1,5	
2,0	

b) Zeichne für beide Materialien jeweils den Graphen der Zuordnung in das Koordinatensystem.

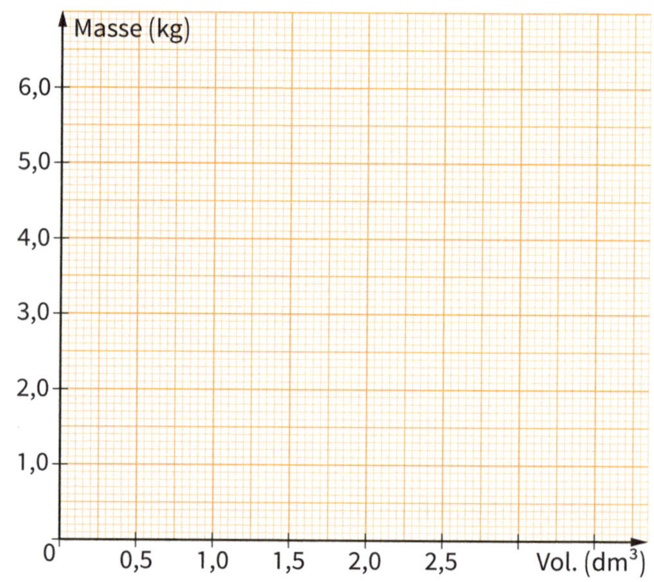

3 In dem Koordinatensystem wird der Graph der Zuordnung „Kraftstoffmenge → Fahrstrecke“ für einen Pkw dargestellt. Ermittle anhand des Graphen, welche Strecken der Pkw mit den in der Tabelle angegebenen Kraftstoffmengen zurücklegen kann. Überprüfe jedes Ergebnis durch eine Rechnung.

Kraftstoffmenge (l)	50	10	20	30	40
Fahrstrecke (km)					

Kraftstoffmenge (l)	5	15	25	35	45
Fahrstrecke (km)					

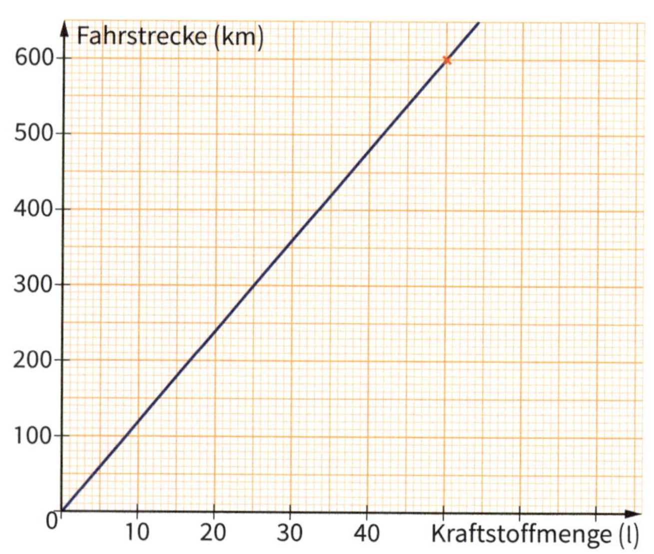

Der Dreisatz bei proportionalen Zuordnungen

1 Drei Päckchen Vanillemilch kosten 1,20 €. Wie viel Euro kosten fünf Päckchen?

Die Zuordnung „Anzahl Päckchen Vanillemilch → Preis“ ist proportional.
Du berechnest zunächst den Preis für ein Päckchen, indem du den Preis für drei Päckchen durch 3 dividierst.
Dann berechnest du den Preis für fünf Päckchen, indem du den Preis für ein Päckchen mit 5 multiplizierst.

Vervollständige die Tabelle.

	Anzahl Päckchen	Preis (€)	
	3	1,20	
:3	1		:3
·5	5		·5

Antwort: ______________________________

____

2 Die folgenden Zuordnungen sind proportional. Berechne die fehlenden Werte.

a)

Masse (kg)	Preis (€)
3	15
1	
5	

b)

Anzahl	Preis (€)
9	4,50
13	

c)

Volumen (cm^3)	Preis (€)
14	42
11	

3 Sieben Gelstifte kosten 6,30 €. Lukas möchte davon vier Stifte kaufen, Vanessa drei.
Wie sollen sie die Kosten aufteilen?

Anzahl	Preis (€)
7	6,30
1	

Antwort: ______________________________

____

4 Eine Kiste Mineralwasser mit insgesamt 12 Flaschen kostet ohne Pfand 7,20 €.
Patrick kauft davon 7, Miriam 5 Flaschen.

Antwort: ______________________________

____

5 Malermeister Voss berechnet einem Kunden für sieben Arbeitsstunden 280 €. Bei einem zweiten Kunden wurden Malerarbeiten im Umfang von elf Stunden geleistet.

Antwort: ______________________________

____

6 Frau Böker benötigt mit ihrem Auto für eine 200 km lange Strecke eine Zeit von 2,5 Stunden.
Wie weit kann sie bei gleicher Geschwindigkeit in 3,5 Stunden fahren?

Antwort: ______________________________

____

Antiproportionale Zuordnungen

1 a) Eine Rolle Kupferdraht kann in drei gleich lange Stücke von jeweils 300 cm Länge zerschnitten werden.

Verdoppelst du die Anzahl der Drahtstücke, halbiert sich auch die Länge der einzelnen Drahtstücke. Verdreifachst du die Anzahl der Drahtstücke, musst du die Länge der einzelnen Drahtstücke durch 3 dividieren. Die Zuordnung „Anzahl Drahtstücke → Länge jedes Drahtstückes“ ist antiproportional.

Vervollständige die Tabelle.

Anzahl Drahtstücke	Länge jedes Drahtstückes (cm)
3	300
6 (·2)	(:2)
9 (·3)	(:3)

b) Zwölf Maurer errichten einen Rohbau in 25 Arbeitstagen.

Halbierst du die Anzahl der Maurer, verdoppelt sich die benötigte Zeit. Teilst du die Anzahl der Maurer durch 3, musst du die benötigte Zeit mit 3 multiplizieren. Die Zuordnung „Anzahl Arbeiter → benötigte Zeit“ ist antiproportional.

Vervollständige die Tabelle.

Anzahl Maurer	benötigte Zeit (d)
12	25
6 (:2)	(·2)
4 (:3)	(·3)
3 (:4)	(·4)

2 Die folgenden Zuordnungen sind antiproportional. Berechne die fehlenden Werte.

a)

Anzahl	Länge (cm)
2	1,80
4	
6	
8	

b)

Länge (m)	Breite (m)
120	16
60	
40	
30	

c)

Anzahl	Zeit (d)
12	18
4	
3	
24	

d)

Länge (m)	Breite (m)
15	35
5	
3	
25	

e)

Anzahl	Länge (cm)
18	26
36	
9	
12	

f)

Anzahl	Zeit (d)
9	20
3	
18	
15	

3 Überprüfe, ob die Zuordnung antiproportional ist.

a)

Anzahl	Länge (m)
5	0,60
10	0,30
15	0,20

ja: ☐ nein: ☐

b)

Anzahl	Zeit (d)
18	12
9	18
6	24

ja: ☐ nein: ☐

c)

Anzahl	Breite (m)
12,00	30,00
24,00	15,00
36,00	10,00

ja: ☐ nein: ☐

Antiproportionale Zuordnungen

4 Die folgenden Zuordnungen sind antiproportional. Berechne die fehlenden Werte.

a)

	Anzahl	Länge (cm)	
	60	2	
:2	30		·2
:4	15		·4

b)

	Länge (m)	Breite (m)	
	18	66	
·2	36		:2
·3	54		:3

c)

Anzahl	Zeit (Tage)
12	24
3	
2	

d)

Anzahl	Länge (cm)
2	120
10	
24	

e)

Länge (m)	Breite (m)
5,0	6,4
2,5	
10,0	

f)

Anzahl	Zeit (Tage)
9	54
3	
6	

5 Die folgenden Zuordnungen sind antiproportional. Berechne die fehlenden Werte.

a)

Anzahl Stücke	Stücklänge (m)
2	12
4	
6	
8	
1	
3	

b)

Anzahl Arbeiter	Dauer (d)
12	6
6	
4	
3	
1	
8	

c)

Länge (m)	Breite (m)
2,40	4,00
1,20	
0,80	
0,40	
1,00	
4,00	

6 a) Für den Bau einer Trockenmauer benötigen sechs Arbeiter eines Gartenbaubetriebes insgesamt acht Arbeitstage.
Wie viele Arbeitstage benötigen 3 (2, 1, 4) Arbeiter? Lege eine Tabelle an und berechne die benötigte Anzahl.

b) Ein Rechteck ist 30 cm lang und 24 cm breit. Ein Rechteck mit dem gleichen Flächeninhalt hat eine Länge von 60 cm (120 cm, 15 cm, 10 cm).
Bestimme die zugehörige Breite. Lege eine Tabelle an.

Der Dreisatz bei antiproportionalen Zuordnungen

1 Sechs Arbeiter pflastern eine Hofeinfahrt in vier Tagen. Wie viele Tage benötigen acht Arbeiter?

Die Zuordnung „Anzahl Arbeiter → benötigte Zeit“ ist antiproportional.
Du berechnest zunächst die Zeit für einen Arbeiter, indem du die Zeit für sechs Arbeiter mit 6 multiplizierst.
Dann berechnest du den Preis für acht Arbeiter, indem du die Zeit für einen Arbeiter durch 8 dividierst.

Vervollständige die Tabelle.

	Anzahl Arbeiter	Zeit (d)	
	6	4	
:6	1		·6
·8	8		:8

Antwort: ______________________

____

2 Die folgenden Zuordnungen sind antiproportional. Berechne die fehlenden Werte.

a)

Anzahl	Zeit (d)
6	10
1	
5	

b)

Länge (m)	Breite (m)
9	8
4	

c)

Länge (m)	Breite (m)
14	15
21	

3 Wenn Lara zehn Tage in den Urlaub fährt, kann sie von ihrem Urlaubsgeld täglich 7,00 € ausgeben. Wie viel Euro kann sie bei einem vierzehntägigen Urlaub pro Tag ausgeben?

Anzahl Tage	Urlaubsgeld pro Tag (€)
10	7,00
1	

Antwort: ______________________

____

4 Eine Rolle Isolierband kann in 50 Streifen mit einer Länge von jeweils 4 cm zerschnitten werden. Wie viele Streifen von 10 cm Länge erhältst du?

Antwort: ______________________

____

5 a) Ein Fahrzeug kann bei einem Verbrauch von 7 Liter auf 100 km mit einer Tankfüllung eine 600 km lange Strecke zurücklegen.
Wie weit kann das Fahrzeug bei einem Verbrauch von 6 Liter auf 100 km fahren?

b) Das Fahrzeug benötigt bei einer Durchschnittsgeschwindigkeit von 90 km pro Stunde für eine Teststrecke eine Zeit von 3 h 20 min. Wie viel Zeit benötigt das Fahrzeug für die gleiche Strecke bei einer Durchschnittsgeschwindigkeit von 120 $\frac{km}{h}$?

Antwort zu a): ______________________

____

Antwort zu b): ______________________

____

Sachaufgaben mit dem Dreisatz lösen

1 Arne legt mit seinem Fahrrad eine 6 km lange Strecke in einer Zeit von 24 Minuten zurück. Wie viel Zeit benötigt er bei gleicher Geschwindigkeit für eine 11 km lange Strecke?

a) Überprüfe, ob die Zuordnung „Strecke → Zeit“ proportional ist.

1. Gilt für die Zuordnung „Je mehr, desto mehr?“
   Je länger die Strecke, desto mehr Zeit benötigt Arne.
   ja ☐ nein ☐
2. Wird hier dem Doppelten das Doppelte, dem Dreifachen das Dreifache zugeordnet?
   Für eine Strecke mit doppelter Länge benötigt Arne auch die doppelte Zeit.
   ja ☐ nein ☐
3. Ist die Zuordnung proportional?
   ja ☐ nein ☐

b) Vervollständige die Tabelle.

Strecke (km)	Zeit (min)
6	24
1	
11	

Antwort: ____________________

____

____

2 Mit einer Tankfüllung kann Frau Berger mit ihrem Auto bei einem Verbrauch von 6 Liter auf 100 km eine 720 km lange Strecke zurücklegen. Wie weit kann ihr Sohn Florian bei einem Verbrauch von 8 Liter auf 100 km mit einer Tankfüllung fahren?

a) Überprüfe, ob die Zuordnung „Verbrauch → Streckenlänge“ antiproportional ist.

1. Gilt für die Zuordnung „Je mehr, desto weniger?“
   Je höher der Verbrauch ist, desto kürzer ist die zurückgelegte Strecke
   ja ☐ nein ☐
2. Wird hier dem Doppelten die Hälfte, dem Dreifachen das Drittel, … zugeordnet?
   Bei doppeltem Verbrauch ist die zurückgelegte Strecke halb so lang.
   ja ☐ nein ☐
3. Ist die Zuordnung antiproportional?
   ja ☐ nein ☐

b) Vervollständige die Tabelle.

Verbrauch (l)	Streckenlänge (km)
6	720
1	
8	

Antwort: ____________________

____

____

3 Ein Propellerflugzeug verbraucht in fünf Flugstunden 800 Liter Kerosin.

a) Begründe zunächst, dass hier eine proportionale Zuordnung vorliegt. Beantworte dazu die Fragen.

1. Welche Größen werden hier zugeordnet?

   ____
2. Gilt für die Zuordnung „Je mehr, desto mehr“?
   ja ☐ nein ☐
3. Wird hier dem Doppelten das Doppelte, dem Dreifachen das Dreifache, ... zugeordnet?
   ja ☐ nein ☐

b) Wie viel Liter werden in sechs Flugstunden verbraucht?

Antwort: ____________________

____

Sachaufgaben mit dem Dreisatz lösen

4 Eine Werbeagentur möchte für eine Werbeaktion Flyer verteilen. Wenn dazu acht Personen beschäftigt werden, muss jede Person 450 Flyer verteilen.
Wie viele Flyer sind pro Person bei neun Beschäftigten zu verteilen? Beantworte dazu zunächst die Fragen im Kasten.

zu 1: Anzahl Personen → Anzahl Flyer

zu 2: je mehr Personen, desto weniger Flyer

zu 3: doppelte Personenzahl, Hälfte Flyer

zu 4: ____________________

1. Welche Größen werden hier zugeordnet?
2. Gilt für die Zuordnung „Je mehr, desto mehr?“
   Gilt für die Zuordnung „Je mehr, desto weniger?“
3. Wird hier dem Doppelten das Doppelte, dem Dreifachen das Dreifache, … zugeordnet?
   Wird hier dem Doppelten die Hälfte, dem Dreifachen das Drittel, … zugeordnet?
4. Welche Art von Zuordnung liegt hier vor?
   - proportional ?
   - antiproportional?
   - weder proportional noch antiproportional?

Antwort: ____________________

____

5 Ein Quader aus Glas hat ein Volumen von 60 cm^3 und eine Masse von 150 g.
Wie schwer ist ein Glaskörper mit einem Volumen von 100 cm^3?
Beantworte zunächst die Fragen im Kasten.

zu 1: ____________________

zu 2: ____________________

zu 3: ____________________

zu 4: ____________________

Antwort: ____________________

____

6 In einer Fleischerei wird Salami in Portionen zu jeweils 100 g abgepackt. Das ergibt an einem Tag 180 Portionen. Wie viele Portionen zu 250 g hätte man davon erhalten?
Beantworte zunächst die Fragen im Kasten.

zu 1: ____________________

zu 2: ____________________

zu 3: ____________________

zu 4: ____________________

Antwort: ____________________

____

Sachaufgaben mit dem Dreisatz lösen

Bevor du bei einer Aufgabe mit der Rechnung beginnst, entscheide zunächst anhand der Fragen von Seite 12, welche Art von Zuordnung vorliegt.

7 Sechs Fliesenleger können die Eingangshalle eines Hotels in vier Tagen fliesen. Wie viele Tage benötigen acht Fliesenleger?

Zuordnung: ______________________

proportional: ☐ antiproportional: ☐

Antwort: ______________________

____

8 Auf einer Wanderkarte ist eine 12 km lange Wanderstrecke 8 cm lang. Wie lang ist eine Strecke, die auf der Karte 11 cm lang ist, in Wirklichkeit?

Antwort: ______________________

____

9 Fabian, Tim und Timo teilen sich eine Pizza. Jeder von ihnen muss 2,60 € bezahlen. Auch Alicia, Lisa, Denise und Frauke wollen sich eine Pizza zum gleichen Preis teilen. Wie viel Euro muss jede von ihnen bezahlen?

Antwort: ______________________

____

10 Ein Elektriker hat einem Kunden für vier Arbeitsstunden 256,00 € berechnet. Wie viel Euro muss ein zweiter Kunde für sieben Arbeitsstunden bezahlen?

Antwort: ______________________

____

11 Um eine 30 m^2 große Fläche mit Blumen zu bepflanzen, sind 240 Setzlinge notwendig. Wie viele Setzlinge werden für eine 42 m^2 große Fläche benötigt?

Antwort: ______________________

____

12 Mit einer Durchschnittsgeschwindigkeit von 15 km pro Stunde benötigt Nico mit dem Fahrrad für die Strecke zum Freibad 40 Minuten. Wie lange benötigt sein Bruder Lukas mit seinem Roller bei einer Geschwindigkeit von 24 $\frac{km}{h}$?

Antwort: ______________________

____

AUSGANGSTEST 1 – Zuordnungen

1 Sieben Schülerinnen und Schüler der 7 b spielen ein Instrument.

> Mia spielt Blockföte, Florian Klavier und Gitarre, Noel Schlagzeug, Lena Klavier und Blockflöte, Anna Gitarre, Emma Gitarre und Schlagzeug und Ole spielt Klavier.

Stelle die Zuordnung in einem Pfeildiagramm dar.

2 Die folgenden Zuordnungen sind proportional. Berechne die fehlenden Werte.

a)

Anzahl	Preis (€)
1	0,80
2	
3	

b)

Anzahl	Preis (€)
3	1,50
6	
15	

c)

Anzahl	Preis (€)
12	4,80
6	
4	

d)

Anzahl	Preis (€)
7	42,00
1	
5	

e)

Anzahl	Preis (€)
8	56,00
3	

f)

Anzahl	Preis (€)
30	15,00
70	

3 Eine Stahlschraube kostet im Baumarkt 0,40 € das Stück.

a) Berechne den Preis für 2 (3, 4, 5, 10, 14) Schrauben. Ergänze die Tabelle.

Anzahl	Preis (€)
2	
3	
4	
5	
10	
14	

b) Zeichne die Wertepaare in das Koordinatensystem ein. Was stellst du fest?

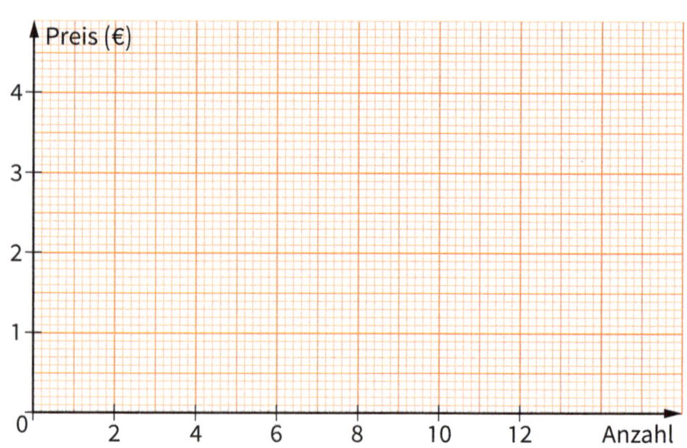

Antwort: ______________________________

____

AUSGANGSTEST 1 – Zuordnungen

4 Die folgenden Zuordnungen sind antiproportional. Berechne die fehlenden Werte.

a)

Anzahl Arbeiter	Zeit (Tage)
4	3
2	
1	

b)

Anzahl Arbeiter	Zeit (Tage)
12	5
6	
4	

c)

Anzahl Arbeiter	Zeit (Tage)
2	24
6	
8	

d)

Anzahl Arbeiter	Zeit (Tage)
5	14
1	
7	

e)

Anzahl Arbeiter	Zeit (Tage)
8	6
3	

f)

Anzahl Arbeiter	Zeit (Tage)
10	8
4	

5 Familie Blome möchte einen Bauplatz kaufen. Ein Bauplatz mit einer Grundfläche von 500 m^2 kostet 70 000 €. Wie teuer ist ein 550 m^2 großer Bauplatz?

Antwort: ______________________

6 Der Bauplatz von Familie Kurz ist 20,0 m breit und 27,5 m lang. Wie lang ist ein gleich großer Bauplatz mit einer Breite von 22,0 m?

Antwort: ______________________

7 Frau Fritsch legt mit ihrem Motorroller eine 24 km lange Strecke in 30 Minuten zurück. Wie weit fährt sie bei gleichem Tempo in einer Stunde?

Antwort: ______________________

____

8 Eine Rolle Kupferdraht wird in 20 gleich lange Stücke von 50 cm zerschnitten. Wie viele Stücke erhältst du, wenn jedes Stück eine Länge von 40 cm hat?

Antwort: ______________________

____

Brüche multiplizieren und dividieren

Brüche multiplizieren

1 Welche Aufgabe ist hier dargestellt? Notiere die Aufgabe und ihr Ergebnis.

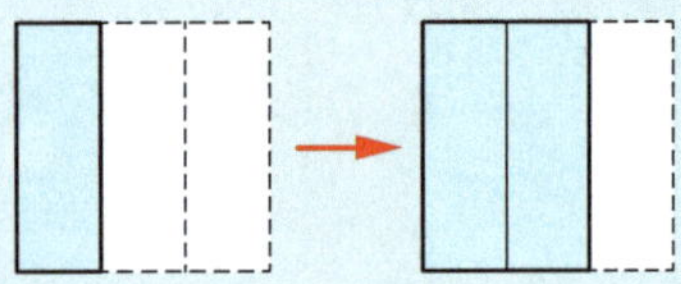

$\frac{1}{3} \cdot 2 = \frac{2}{3}$

a) 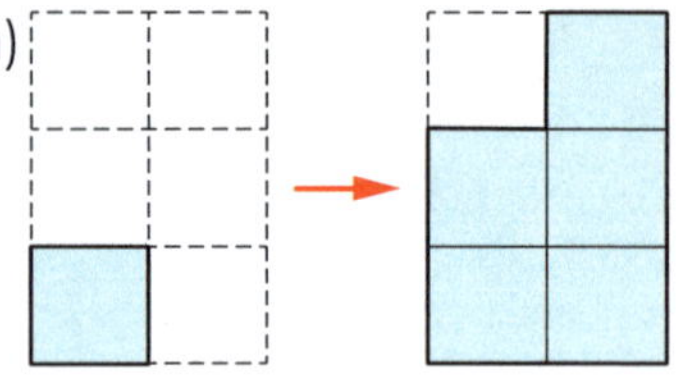

______

b) 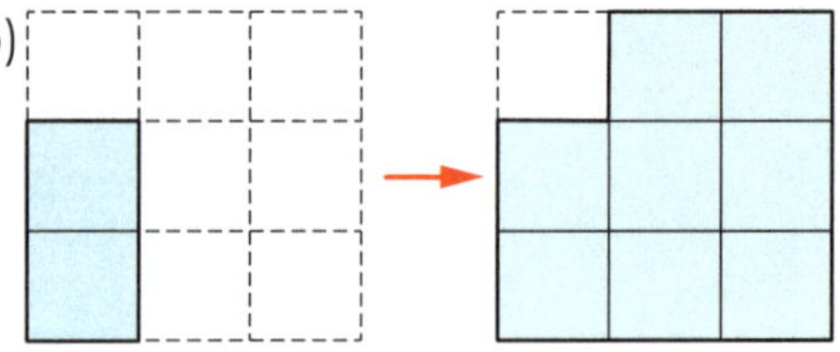

______

c) 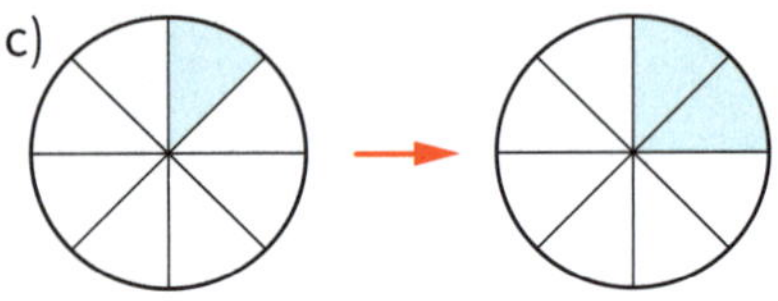

______

d) 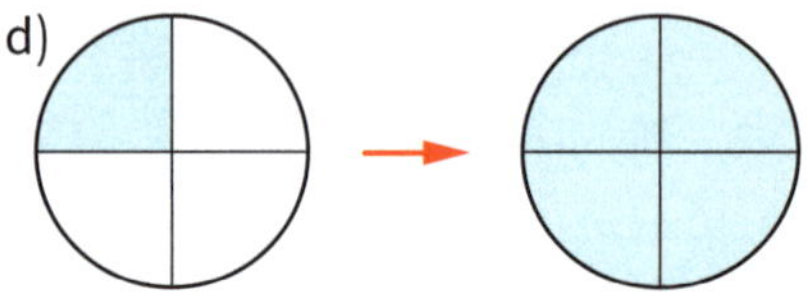

______

e) 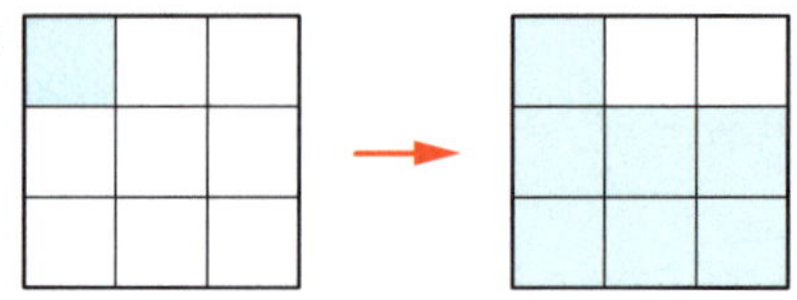

______

2 Stelle in den Rechtecken jeweils die angegebene Aufgabe zeichnerisch dar und notiere ihr Ergebnis.

I 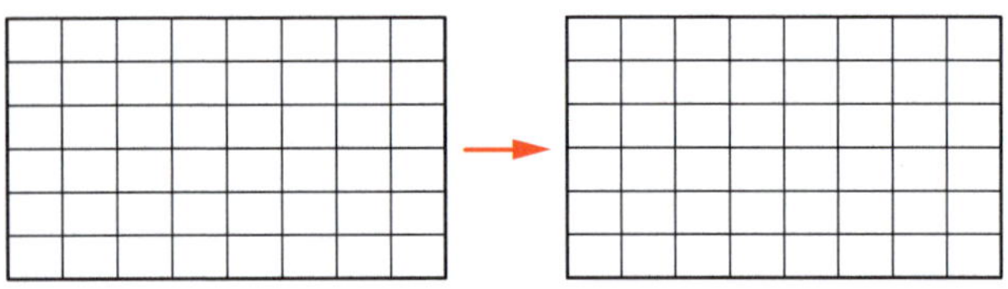

$\frac{1}{8} \cdot 5 =$ ______

II 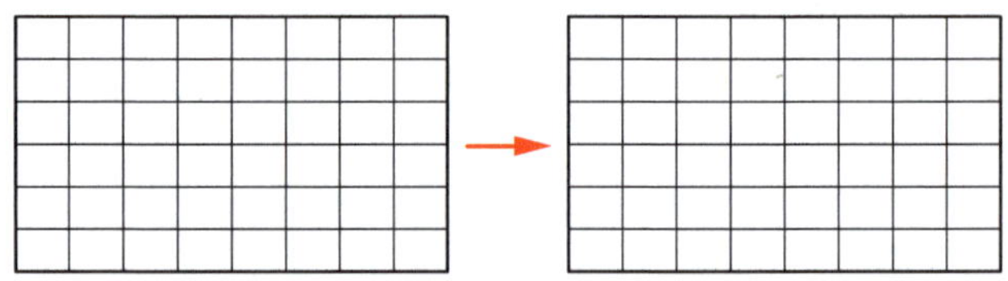

$\frac{1}{6} \cdot 4 =$ ______

3 Berechne.

a) $\frac{3}{7} \cdot 2 =$ ______ b) $\frac{1}{5} \cdot 3 =$ ______ c) $\frac{3}{13} \cdot 4 =$ ______ d) $\frac{4}{25} \cdot 3 =$ ______ e) $5 \cdot \frac{3}{15} =$ ______

4 Berechne wie im Beispiel und gib das Ergebnis als gemischte Zahl an.

$\frac{2}{7} \cdot 4 = \frac{2 \cdot 4}{7} = \frac{8}{7} = 1\frac{1}{7}$

$3 \cdot \frac{4}{5} = \frac{3 \cdot 4}{5} = \frac{12}{5} = 2\frac{2}{5}$

a) $\frac{1}{5} \cdot 6 =$ ______ b) $\frac{2}{5} \cdot 4 =$ ______

c) $2 \cdot \frac{4}{7} =$ ______ d) $6 \cdot \frac{7}{11} =$ ______

5 Ergänze die Abbildung wie im Beispiel.

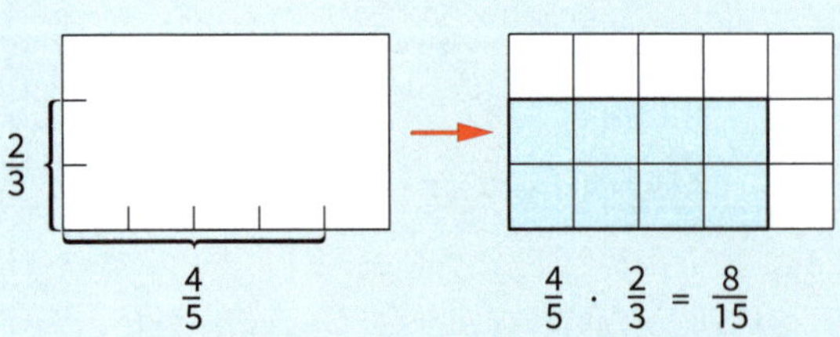

$\frac{4}{5} \cdot \frac{2}{3} = \frac{8}{15}$

a) 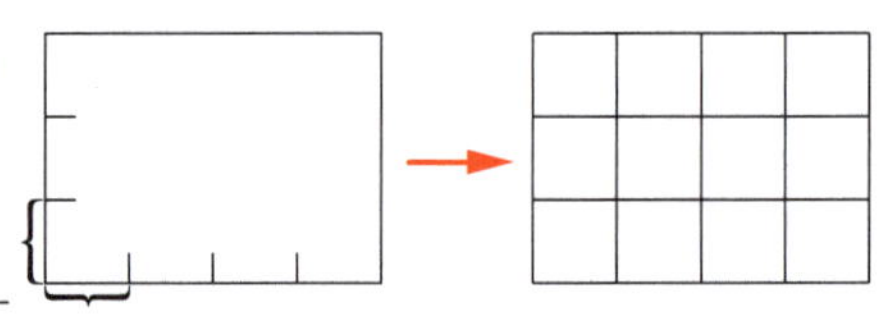

___ ___ ______

b) 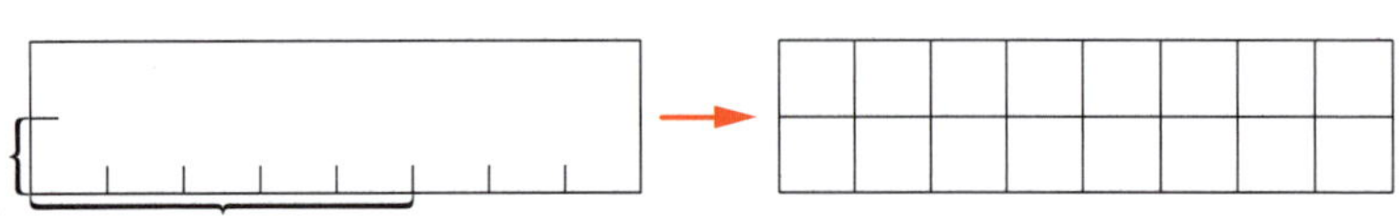

___ ___ ______

c) 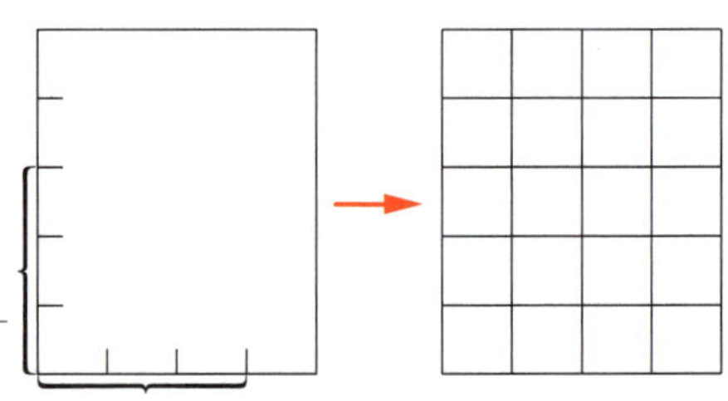

___ ___ ______

Brüche multiplizieren

6 Berechne. Kürze, wenn möglich, das Ergebnis.

a) $\frac{5}{6}\cdot\frac{3}{5}=$ ____ b) $\frac{3}{8}\cdot\frac{2}{3}=$ ____ c) $\frac{7}{8}\cdot\frac{3}{4}=$ ____

d) $\frac{7}{9}\cdot\frac{9}{14}=$ ____ e) $\frac{12}{15}\cdot\frac{5}{8}=$ ____ f) $\frac{8}{25}\cdot\frac{5}{12}=$ ____

g) $\frac{3}{7}\cdot\frac{2}{9}=$ ____ h) $\frac{2}{15}\cdot\frac{3}{4}=$ ____ i) $\frac{5}{9}\cdot\frac{3}{20}=$ ____

7 Berechne. Kürze, wenn möglich, vor dem Ausrechnen.

$\frac{3}{4}\cdot\frac{5}{6}=\frac{{}^{1}\cancel{3}\cdot 5}{4\cdot\cancel{6}_{2}}=\frac{5}{8}$

a) $\frac{4}{11}\cdot\frac{3}{4}=$ ____ b) $\frac{1}{6}\cdot\frac{3}{5}=$ ____

c) $\frac{1}{18}\cdot\frac{6}{7}=$ ____ d) $\frac{3}{10}\cdot\frac{5}{7}=$ ____

e) $10\cdot\frac{4}{45}=$ ____ f) $\frac{1}{12}\cdot\frac{3}{5}=$ ____

g) $\frac{5}{12}\cdot\frac{7}{10}=$ ____ h) $\frac{7}{9}\cdot\frac{2}{35}=$ ____

i) $\frac{8}{9}\cdot\frac{27}{35}=$ ____ k) $\frac{11}{15}\cdot\frac{3}{4}=$ ____

l) $\frac{9}{14}\cdot\frac{16}{25}=$ ____ m) $\frac{8}{9}\cdot\frac{5}{16}=$ ____

8 Berechne. Gib dein Ergebnis, wenn möglich, als gemischte Zahl an.

$\frac{4}{9}\cdot 6=\frac{4\cdot\cancel{6}^{2}}{\cancel{9}_{3}}=\frac{8}{3}=2\frac{2}{3}$

a) $\frac{9}{28}\cdot 21=$ ____ b) $\frac{7}{26}\cdot 39=$ ____ c) $\frac{17}{48}\cdot 144=$ ____

$\frac{5}{9}\cdot 12=$ ____ $24\cdot\frac{5}{16}=$ ____ $28\cdot\frac{9}{35}=$ ____

$\frac{3}{4}\cdot 34=$ ____ $\frac{4}{27}\cdot 45=$ ____ $\frac{5}{72}\cdot 48=$ ____

9 Ergänze die Multiplikationstürme.

a)

$\frac{1}{10}$			
$\frac{1}{2}$	$\frac{2}{3}$	$\frac{9}{10}$	$\frac{25}{27}$

b)

$\frac{4}{5}$			
4	$\frac{3}{4}$	$\frac{8}{9}$	$\frac{27}{40}$

c)

$5\frac{5}{7}$			
$\frac{14}{15}$	5	$\frac{3}{7}$	$\frac{28}{45}$

Bruchteile berechnen

1 Bestimme mithilfe der Abbildungen die fehlenden Zahlen.

a) 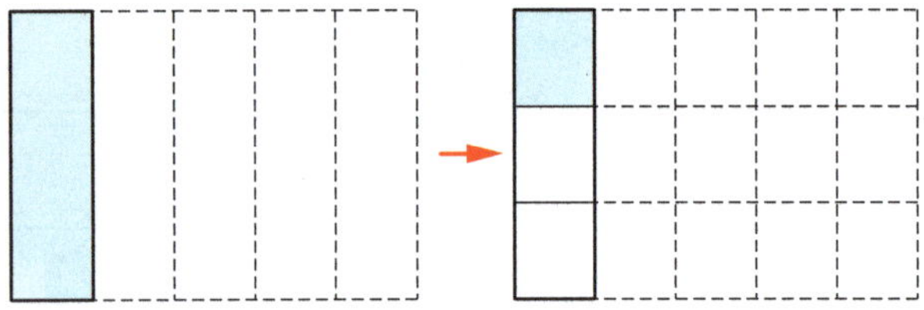

$\frac{1}{5}$ $\frac{1}{3}$ von $\frac{1}{5}$ ist ___ .

b) 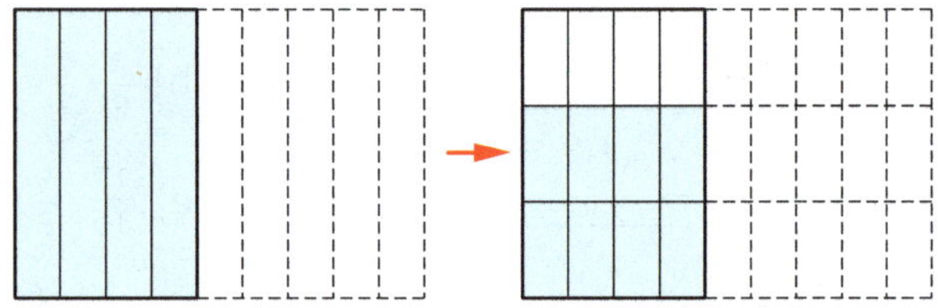

___ ___ von ___ sind ___ .

2 Schreibe als Multiplikationsaufgabe und berechne.

$\frac{3}{4}$ von $\frac{2}{9}$ sind ___ .

$\frac{3}{4} \cdot \frac{2}{9} = \frac{\not{3}^{1} \cdot \not{2}^{1}}{\not{4}_{2} \cdot \not{9}_{3}} = \frac{1}{6}$

$\frac{3}{4}$ von $\frac{2}{9}$ sind $\frac{1}{6}$.

a) $\frac{2}{5}$ von $\frac{3}{7}$ sind ___ .

b) $\frac{5}{6}$ von $\frac{1}{4}$ sind ___ .

c) $\frac{6}{7}$ von $\frac{1}{8}$ sind ___ .

d) $\frac{4}{5}$ von $\frac{3}{8}$ sind ___ .

e) $\frac{4}{7}$ von $\frac{7}{12}$ sind ___ .

f) $\frac{15}{16}$ von $\frac{32}{45}$ sind ___ .

3 Berechne. Kürze, wenn möglich. Schreibe das Ergebnis als gemischte Zahl.

$\frac{3}{8}$ von 20 m sind ___ .

$\frac{3}{8} \cdot 20 = \frac{3 \cdot \not{20}^{5}}{\not{8}_{2}}$

$= \frac{15}{2} = 7\frac{1}{2}$

$\frac{3}{8}$ von 20 m sind $7\frac{1}{2}$ m.

a) $\frac{2}{5}$ von 8 m sind ________ m.

b) $\frac{1}{6}$ von 9 kg sind ________ kg.

c) $\frac{3}{10}$ von 55 € sind ________ €.

d) $\frac{2}{9}$ von 21 min sind ________ min.

e) $\frac{5}{12}$ von 18 cm sind ________ cm.

f) $\frac{3}{10}$ von 35 l sind ________ l.

4 Eine Schule hat 840 Schülerinnen und Schüler. Wie viele Schülerinnen und Schüler kommen zu Fuß, mit dem Fahrrad, mit dem Bus oder mit dem Pkw zur Schule? Notiere die jeweilige Anzahl in der Tabelle.

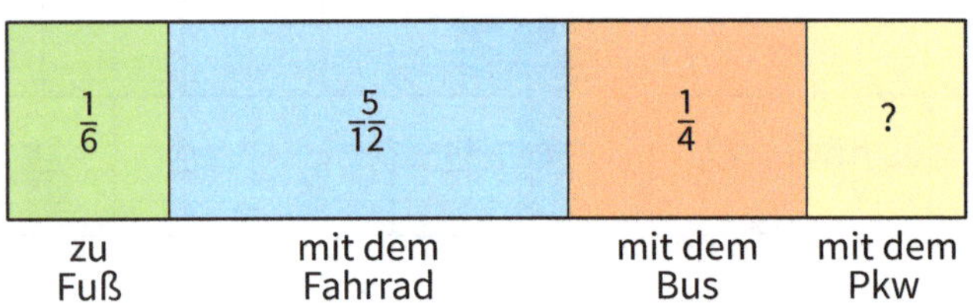

zu Fuß	mit dem Fahrrad	mit dem Bus	mit dem Pkw

Brüche durch natürliche Zahlen dividieren

1 Notiere das Ergebnis der dargestellten Divisionsaufgabe.

a) 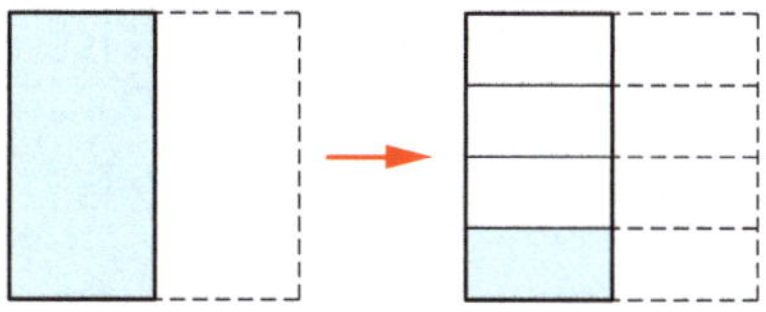

$\frac{1}{2} : 4 =$ ___

b) 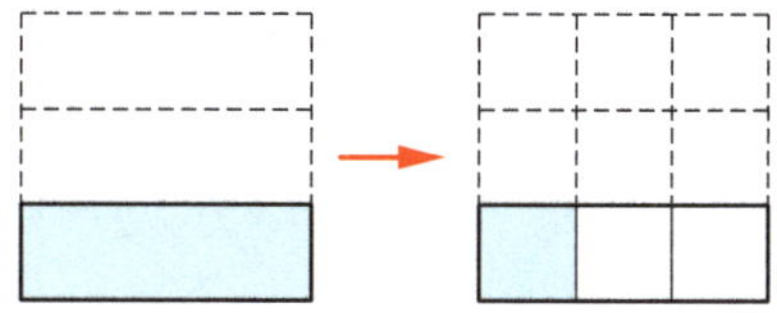

$\frac{1}{3} : 3 =$ ___

c) 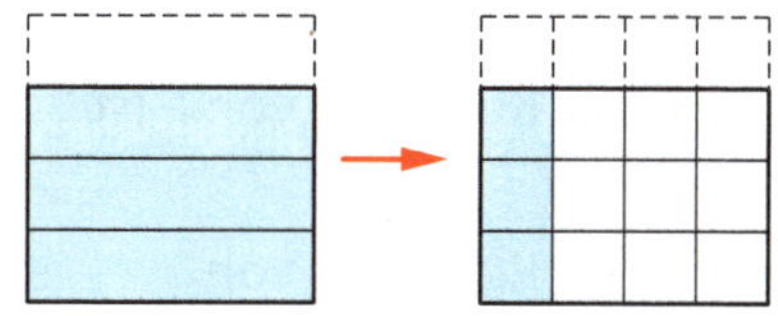

$\frac{3}{4} : 4 =$ ___

2 Gib die zugehörige Divisionsaufgabe und ihre Lösung an.

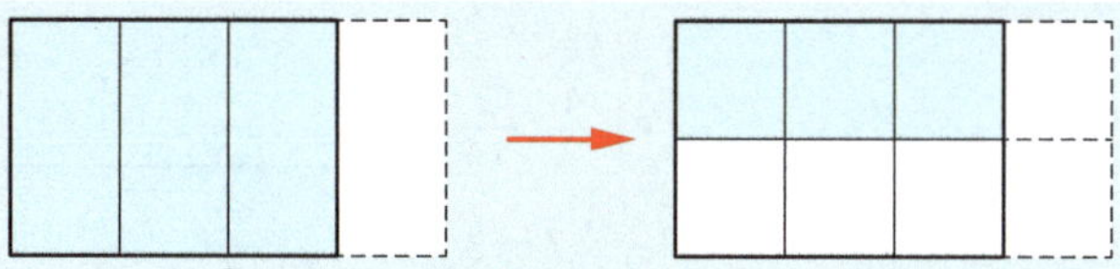

$\frac{3}{4} : 2 = \frac{3}{8}$

a) 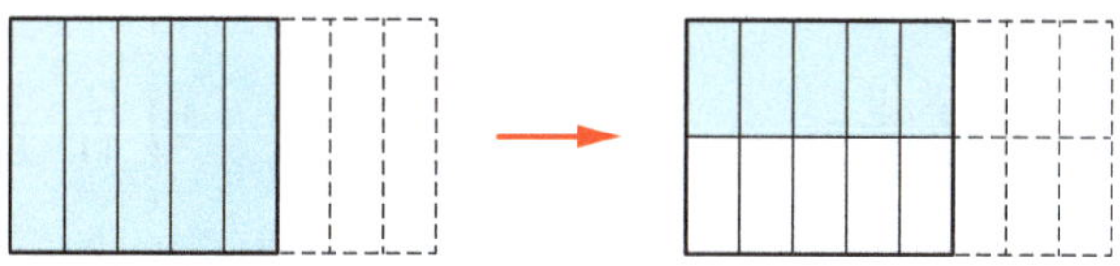

___

b) 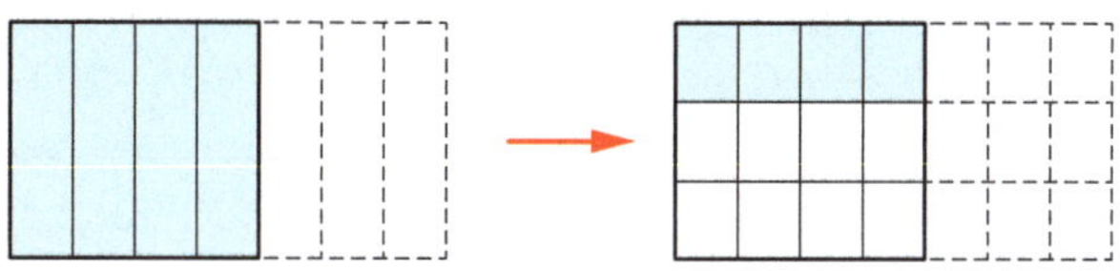

___

c) 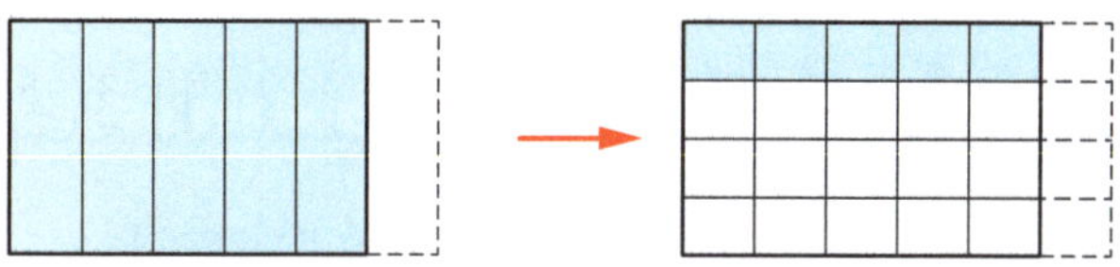

___

d) 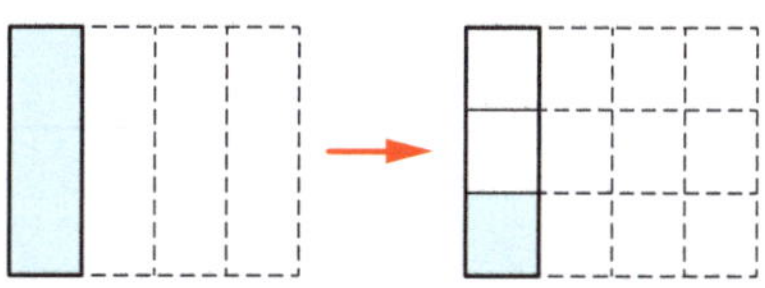

___

e) 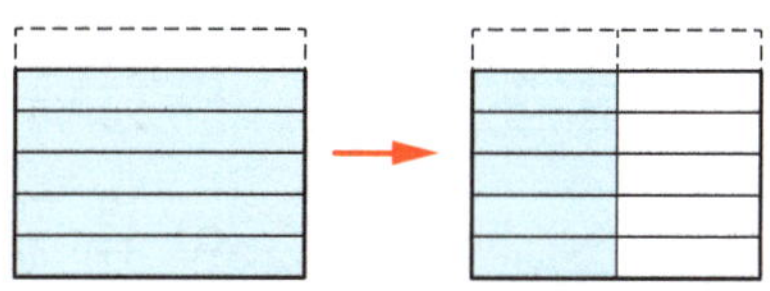

___

f) 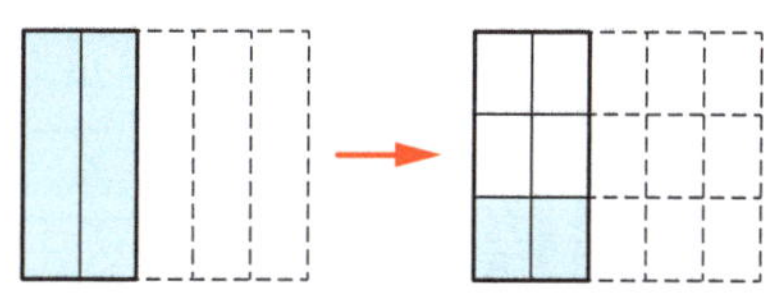

___

3 Berechne und kürze, wenn möglich.

$\frac{9}{10} : 6 = \frac{9}{10} \cdot \frac{1}{6} = \frac{\overset{3}{\cancel{9}}}{10 \cdot \underset{2}{\cancel{6}}} = \frac{3}{20}$

a) $\frac{3}{4} : 9 =$ ___ b) $\frac{9}{11} : 6 =$ ___ c) $\frac{6}{7} : 12 =$ ___

d) $\frac{5}{7} : 3 =$ ___ e) $\frac{6}{7} : 6 =$ ___ f) $\frac{5}{6} : 10 =$ ___

g) $\frac{5}{9} : 7 =$ ___ h) $\frac{14}{25} : 4 =$ ___ i) $\frac{27}{32} : 18 =$ ___

4 Vervollständige die Aufgabe.

a) $\frac{\square}{\square} : 4 = \frac{1}{7}$ b) $\frac{\square}{\square} : 3 = \frac{4}{17}$ c) $\frac{\square}{\square} : 6 = \frac{3}{25}$ d) $\frac{\square}{\square} : 5 = \frac{2}{11}$ e) $\frac{\square}{\square} : 7 = \frac{1}{12}$

5 Kontrolliere Jonas Hausaufgabe und korrigiere sie, falls nötig.

a) $\frac{6}{8} : 2 = \frac{6:2}{8:2} = \frac{3}{4}$

b) $\frac{3}{7} : 4 = \frac{3}{7} \cdot \frac{1}{4} = \frac{3 \cdot 1}{7 \cdot 4} = \frac{3}{28}$

c) $\frac{2}{8} : 4 = \frac{2}{8} \cdot \frac{1}{4} = \frac{2 \cdot 1}{\underset{2}{\cancel{8}} \cdot \underset{1}{\cancel{4}}} = \frac{2}{2} = 1$

Durch Brüche dividieren

1 Gib den Kehrwert an.

Der Kehrwert von $\frac{2}{3}$ ist $\frac{3}{2}$.

Der Kehrwert von $7 = \frac{7}{1}$ ist $\frac{1}{7}$.

a) Der Kehrwert von $\frac{3}{4}$ ist ____.
b) Der Kehrwert von $\frac{5}{6}$ ist ____.
c) Der Kehrwert von $\frac{1}{2}$ ist ____.
d) Der Kehrwert von 2 ist ____.
e) Der Kehrwert von $\frac{1}{3}$ ist ____.
f) Der Kehrwert von 3 ist ____.

2 Benutze zur Berechnung den Kehrwert. Kürze, wenn möglich.

a) $\frac{2}{9} : \frac{5}{7} =$ ____
b) $\frac{2}{11} : \frac{7}{8} =$ ____
c) $\frac{1}{7} : \frac{3}{14} =$ ____
d) $\frac{5}{11} : \frac{2}{3} =$ ____
e) $\frac{5}{13} : \frac{6}{7} =$ ____
f) $\frac{7}{10} : \frac{3}{5} =$ ____
g) $\frac{2}{7} : \frac{5}{9} =$ ____
h) $\frac{8}{15} : \frac{7}{11} =$ ____
i) $\frac{2}{9} : \frac{4}{7} =$ ____
j) $\frac{4}{9} : \frac{3}{5} =$ ____
k) $\frac{3}{7} : \frac{5}{11} =$ ____
l) $\frac{2}{9} : \frac{7}{17} =$ ____

3 Berechne. Kürze, wenn möglich, vor dem Ausrechnen.

$\frac{4}{9} : \frac{1}{3} = \frac{4}{9} \cdot \frac{3}{1} = \frac{4 \cdot \cancel{3}^{1}}{\cancel{9}_{3} \cdot 1} = \frac{4}{3} = 1\frac{1}{3}$

a) $\frac{3}{7} : \frac{9}{14} =$ ____
b) $\frac{11}{24} : \frac{5}{6} =$ ____
c) $\frac{4}{9} : \frac{7}{18} =$ ____
d) $\frac{19}{27} : \frac{76}{81} =$ ____
e) $\frac{4}{9} : \frac{2}{3} =$ ____
f) $\frac{7}{25} : \frac{42}{75} =$ ____

4 Berechne wie im Beispiel.

$12 : \frac{4}{5} = \frac{12}{1} : \frac{4}{5} = \frac{12}{1} \cdot \frac{5}{4} = \frac{\cancel{12}^{3} \cdot 5}{1 \cdot \cancel{4}_{1}} = \frac{15}{1} = 15$

a) $16 : \frac{8}{9} =$ ____
b) $36 : \frac{9}{13} =$ ____
c) $8 : \frac{4}{7} =$ ____
d) $\frac{4}{9} : 20 =$ ____

5 Berechne und färbe die Aufgaben mit dem gleichen Ergebnis in der gleichen Farbe.

$\frac{1}{11} : \frac{9}{11} =$	$\frac{7}{18} : \frac{1}{9} =$
$\frac{3}{28} : \frac{1}{7} =$	$\frac{2}{27} : \frac{2}{3} =$
$\frac{3}{14} : \frac{1}{4} =$	$\frac{2}{3} : \frac{7}{9} =$
$\frac{1}{2} : \frac{1}{7} =$	$\frac{1}{4} : \frac{1}{3} =$

Sachaufgaben

1 Für Nicos Geburtstagsfeier kauft seine Mutter 12 Flaschen Orangensaft. Jede Flasche enthält $\frac{3}{4}$ l Saft. Wie viel Liter Orangensaft sind das?

Antwort: ______________________________

2 Emily bekommt 30 € Taschengeld im Monat. Sie gibt davon $\frac{1}{10}$ für Hefte und $\frac{1}{6}$ für Süßigkeiten aus. Ein Viertel ihres Taschengeldes spart sie. Wie viel Euro sind das jeweils?

Antwort: ______________________________

3 Der Hausmeister einer Schule hat 180 Flaschen Milch eingekauft. $\frac{3}{5}$ der Flaschen hat er bereits verkauft, $\frac{7}{18}$ der Milchflaschen waren vorbestellt. Der Hausmeister hat vergessen, die vorbestellten Milchflaschen beiseite zu stellen. Hat er noch genügend Milchflaschen?

Antwort: ______________________________

4 Eine Flasche enthält $\frac{7}{10}$ l Apfelsaft. Wie viele Flaschen können aus einem Behälter abgefüllt werden, der 140 l fasst?

Antwort: ______________________________

5 In einem Farbtopf befinden sich noch $\frac{7}{8}$ l Farbe. Carl bemalt Holzfiguren und benötigt pro Figur $\frac{1}{16}$ l. Wie viele Figuren kann er noch bemalen?

Antwort: ______________________________

6 Auf dem Grundstück der Landwirtin Söhnke sind $\frac{5}{7}$ der Fläche Anbaufläche für Obst und Gemüse. Davon entfällt $\frac{1}{3}$ auf eine Streuobstwiese. Wie groß ist der Anteil der Streuobstwiese am ganzen Grundstück?

Antwort: ______________________________

Sachaufgaben

7 Die Ölwanne eines Autos ist undicht. Jeweils nach einer Dreiviertelstunde fällt ein Öltropfen von $\frac{1}{16}$ ml herunter. Wie viel Liter Öl verliert der Motor an einem Tag?

Antwort: ___________________________

8 In einem Naturkostladen wird eine 6-Korn-Getreidemischung angeboten.

6-Korn-Getreide-Gemisch

$\frac{1}{8}$ Buchweizen $\frac{3}{20}$ Gerste $\frac{1}{8}$ Grünkorn

$\frac{3}{20}$ Hafer $\frac{1}{5}$ Roggen $\frac{1}{4}$ Weizen

a) Wie viel Gramm des jeweiligen Getreides sind in 2 kg der Mischung enthalten?

Antwort: ___________________________

____

b) Es soll 1 kg Weizen verarbeitet werden. Wie viel Kilogramm Hafer (Buchweizen, Grünkorn) wird benötigt?

Antwort: ___________________________

____

9 Wie groß sind die Kinder?

Antwort: ___________________________

10 Max hat in der Woche 32 Unterrichtsstunden. Eine Unterrichtsstunde dauert eine Dreiviertelstunde. Wie viele Stunden in der Woche wird er unterrichtet?

Antwort: ___________________________

Anteile und Verhältnisse

1 Leon und Filip wollen sich eine Tafel Schokolade teilen. Sie soll im Verhältnis 1 : 2 aufgeteilt werden. Wie viele Stücke bekommt Leon, wie viele Filip?

Antwort: ______________________________

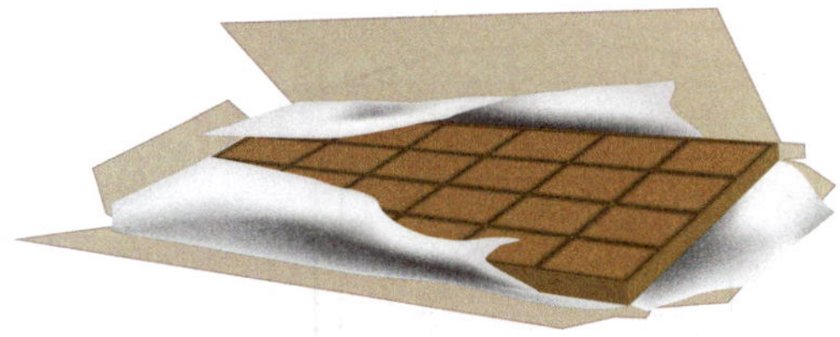

2 Das abgebildete Rechteck soll so gefärbt werden, dass ein Anteil blau und der andere Anteil gelb ist. Färbe es im angegebenen Verhältnis ein.

a) blau zu gelb wie 7 : 3

b) blau zu gelb wie 1 : 4

c) blau zu gelb wie 3 : 5

d) gelb zu blau wie 2 : 3

e) gelb zu blau wie 1 : 4

f) blau zu gelb wie 4 : 1

g) blau zu gelb wie 5 : 11

3 In der Klasse 7 a sind 24 Kinder. Das Verhältnis Mädchen zu Jungen beträgt 5 : 3. Wie viele Jungen und Mädchen sind in der Klasse?

Antwort: ______________________________

____

4 a) Sarah möchte aus Himbeersirup und Mineralwasser $\frac{3}{4}$ Liter Himbeersaft herstellen. Wie viel Liter des Sirups benötigt sie?

Antwort: ______________________________

Getränkesirup
Mischungsverhältnis für naturtrüben Himbeersaft:
1 Teil Sirup
+
5 Teile Wasser

b) Wie viel Himbeersaft kann sie aus $\frac{7}{10}$ Liter Sirup herstellen?

Antwort: ______________________________

Grundrechenarten bei Brüchen

1

$-\frac{5}{9}$

$-\frac{1}{9}$

$+\frac{2}{3}$

$\cdot\frac{1}{4}$

$\cdot\frac{1}{2}$

$+\frac{1}{8}$

$=$

2

$:\frac{1}{4}$

$:\frac{1}{2}$

$\cdot\frac{1}{2}$

$\cdot\frac{1}{2}$

$-\frac{1}{2}$

$\cdot 2$

$=$

$\frac{1}{2}$

$\cdot 8$

$\cdot 4$

$:\frac{1}{4}$

$: 16$

$\cdot\frac{1}{2}$

$\cdot 8$

$: 10$

$=$

10

$: 2\frac{1}{2}$

$\cdot\frac{3}{4}$

$:\frac{1}{3}$

$\cdot\frac{1}{9}$

$:\frac{1}{4}$

$\cdot 2\frac{1}{2}$

$=$

$\frac{1}{2}$

$:\frac{1}{4}$

$\cdot\frac{1}{2}$

$:\frac{1}{3}$

$\cdot 4$

$\cdot\frac{1}{6}$

$\cdot 1\frac{1}{2}$

$=$

$\frac{1}{6}$

$:\frac{1}{3}$

$-\frac{1}{3}$

$+\frac{5}{6}$

$:\frac{1}{4}$

$\cdot 5$

$:\frac{1}{2}$

$=$

AUSGANGSTEST 2 – Brüche multiplizieren und dividieren

1 Multipliziere und kürze, wenn möglich.

a) $\frac{1}{8} \cdot 5 =$ ______ b) $4 \cdot \frac{2}{11} =$ ______ c) $7 \cdot \frac{3}{14} =$ ______

2 Berechne und kürze, wenn möglich.

a) $\frac{1}{5} \cdot \frac{3}{7} =$ ______ b) $\frac{3}{5} \cdot \frac{2}{3} =$ ______ c) $\frac{9}{12} \cdot \frac{8}{15} =$ ______

3 Dividiere und kürze, wenn möglich.

a) $\frac{4}{7} : 2 =$ ______ b) $\frac{4}{7} : 8 =$ ______ c) $\frac{11}{15} : 22 =$ ______

4 Dividiere und kürze, wenn möglich.

a) $\frac{2}{3} : \frac{4}{9} =$ ______ b) $\frac{4}{9} : \frac{2}{3} =$ ______ c) $\frac{5}{13} : \frac{15}{39} =$ ______

5 Schreibe als Multiplikationsaufgabe und berechne.

a) $\frac{4}{7}$ von 21 m b) $\frac{2}{5}$ von 25 € c) $\frac{7}{15}$ von 45 kg

______ ______ ______

6 Multipliziere und kürze, wenn möglich.

a) $\frac{1}{8} \cdot \frac{3}{5} \cdot \frac{4}{9} =$ ______ b) $3\frac{1}{5} \cdot \frac{3}{4} =$ ______

7 Für eine Dokumentation ist im Fernsehen eine Sendezeit von einer halben Stunde eingeplant. $\frac{1}{5}$ davon entfällt auf Werbung. Wie viele Minuten bleiben für die eigentliche Dokumentation?

Antwort: ______

8 In einer Kanne befinden sich $2\frac{1}{4}$ l Saftschorle. Wie viele $\frac{1}{4}$ l-Gläser lassen sich damit vollständig füllen?

Antwort: ______

9 Der Klassenraum der Klasse 7 d soll türkis gestrichen werden. Dazu mischt die Klasse blaue und grüne Wandfarbe im Verhältnis 5 : 2. Zum Streichen werden insgesamt 21 Liter benötigt. Wie viel Liter blaue und wie viel Liter grüne Farbe müssen jeweils gemischt werden?

Antwort: ______

Prozentrechnung

Prozent

1 Gib den Anteil der roten (gelben, grünen) Felder als Hundertstelbruch und in Prozent an.

a)

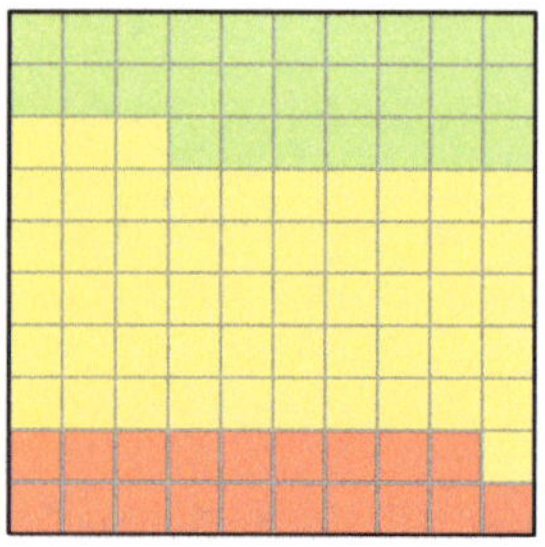

Rot $\frac{19}{100} = 19\,\%$

Gelb ______________

Grün ______________

b)

Rot ______________

Gelb ______________

Grün ______________

c)

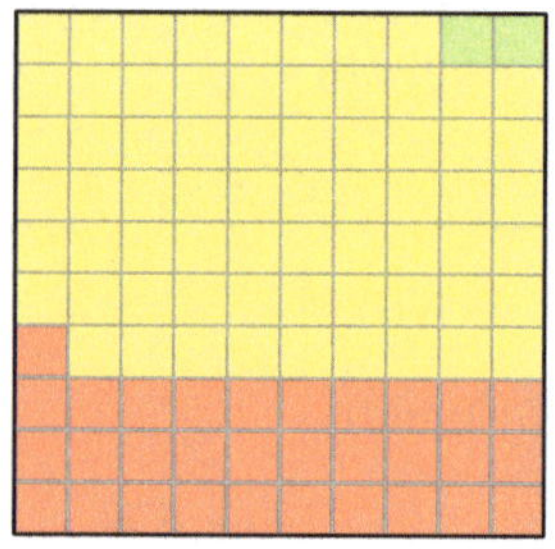

Rot ______________

Gelb ______________

Grün ______________

d)

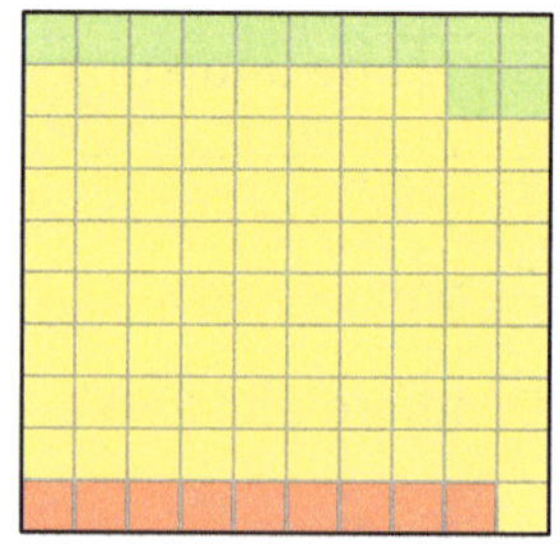

Rot ______________

Gelb ______________

Grün ______________

2 Färbe jeweils den Anteil in der angegebenen Farbe.

a) Rot 40 %, Gelb 25 %, Grün 35 %

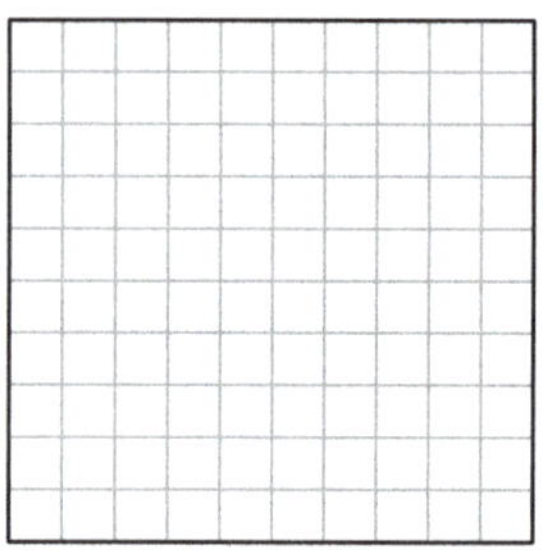

b) Rot 23 %, Gelb 46 %, Grün 31 %

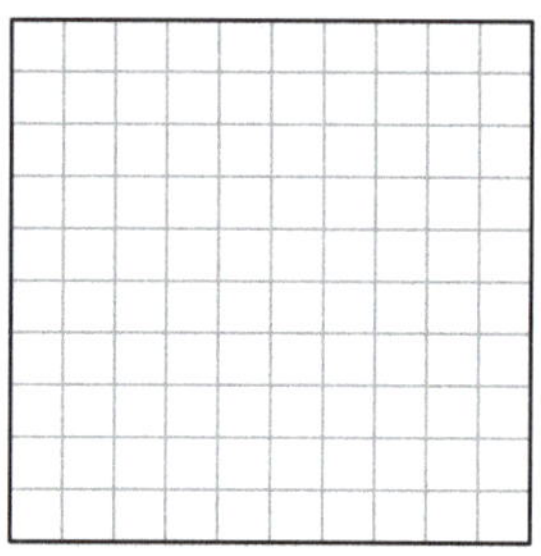

c) Rot 59 %, Gelb 38 %, Grün 3 %

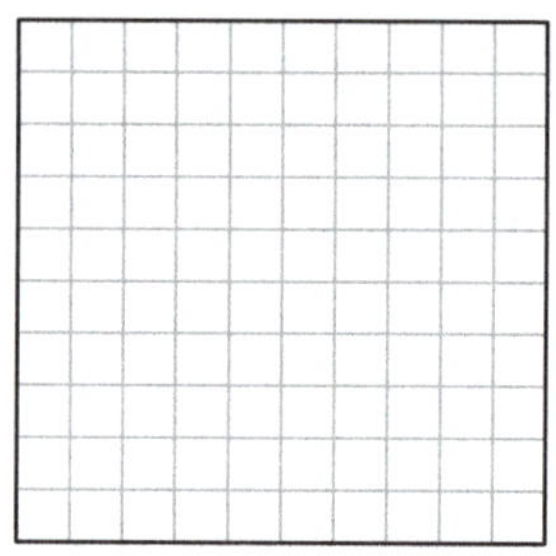

d) Rot 73 %, Gelb 26 %, Grün 1 %

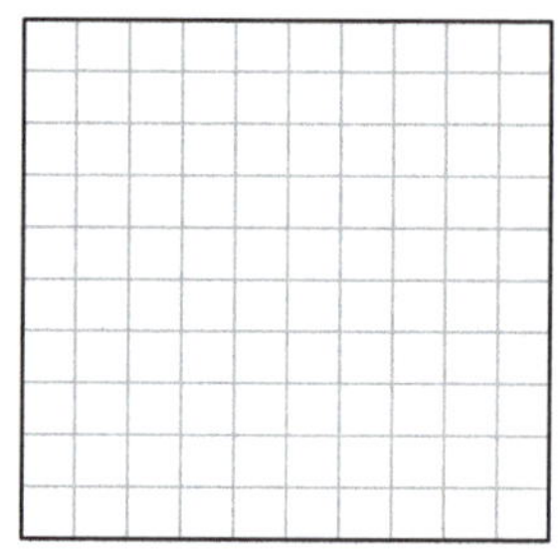

3 Gib jeweils den Anteil der gelben und grünen Flächen als Hundertstelbruch und in Prozent an.

a)

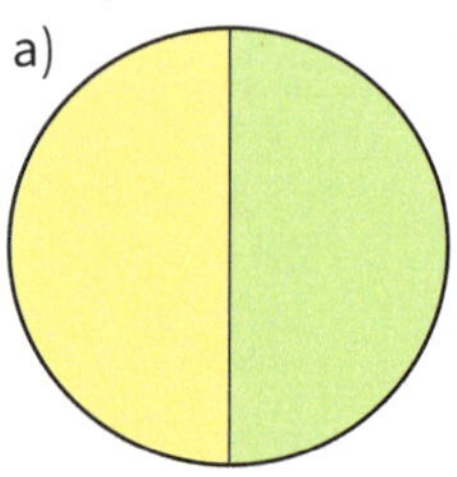

b)

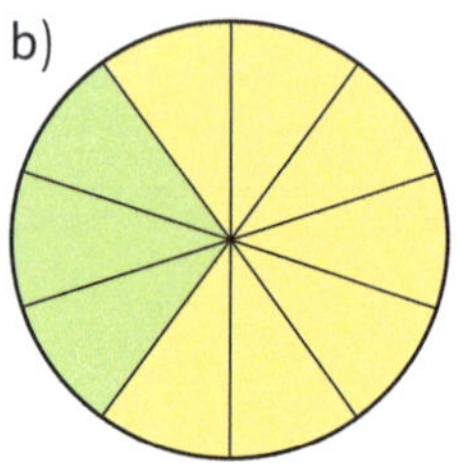

c)

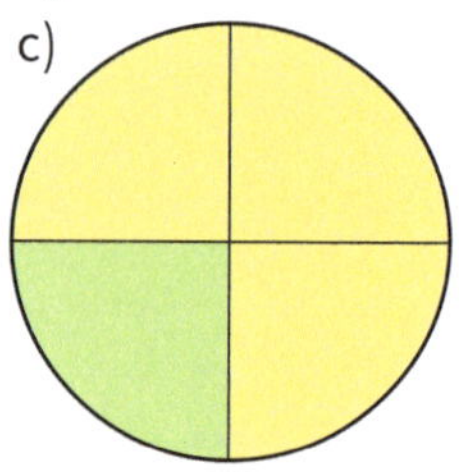

	Gelb	Grün
a)	$\frac{1}{2} = \frac{50}{100} = 50\,\%$	
b)		
c)		

4 Gib jeweils den Anteil der gelben (grünen, roten) Fläche als Hundertstelbruch und in Prozent an.

a)

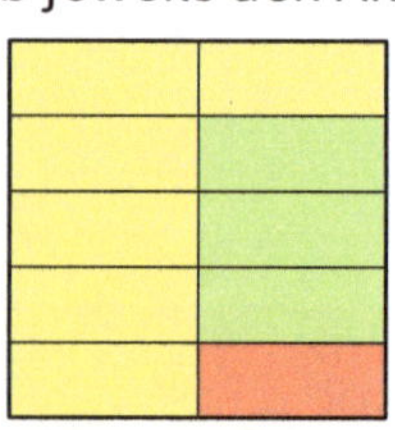

b)

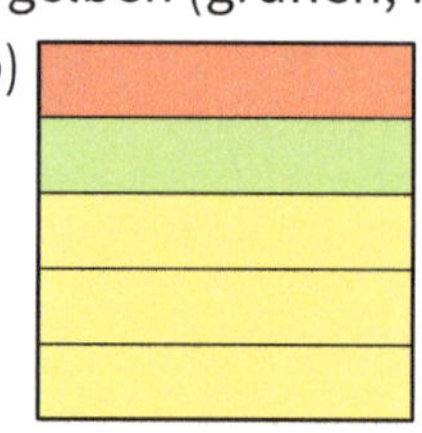

c)

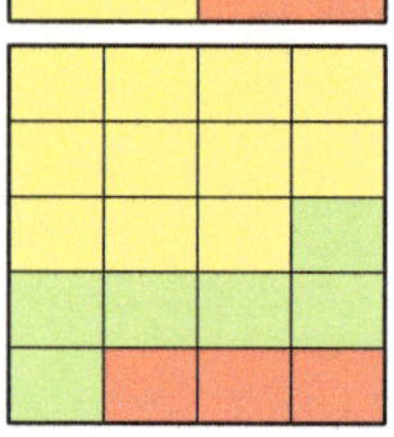

d)

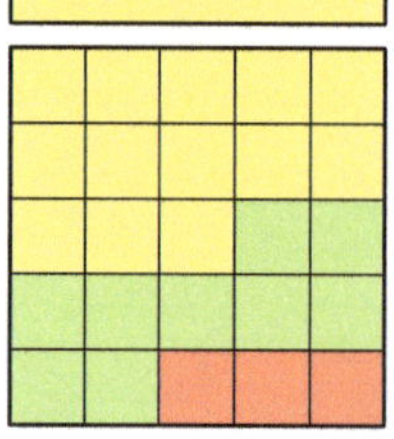

	Gelb	Grün	Rot
a)			
b)			
c)			
d)			

5 Erweitere den Bruch auf den Nenner 100. Bestimme dazu die Erweiterungszahl. Schreibe dann in Prozent.

a) $\frac{7}{10} = \frac{7 \cdot 10}{10 \cdot 10} = \frac{\quad}{100} = $ ______ %

$\frac{2}{5} = \frac{2 \cdot 20}{5 \cdot 20} = \frac{\quad}{100} = $ ______ %

$\frac{3}{4} = \frac{3 \cdot 25}{4 \cdot 25} = \frac{\quad}{100} = $ ______ %

b) $\frac{17}{50} = \frac{\quad}{100} = $ ______ %

$\frac{13}{20} = \frac{\quad}{100} = $ ______ %

$\frac{18}{25} = \frac{\quad}{100} = $ ______ %

c) $\frac{3}{5} = \frac{\quad}{100} = $ ______ %

$\frac{21}{25} = \frac{\quad}{100} = $ ______ %

$\frac{11}{20} = \frac{\quad}{100} = $ ______ %

6 Kürze den Bruch auf den Nenner 100. Bestimme dazu die Kürzungszahl. Schreibe dann in Prozent.

a) $\frac{66}{200} = \frac{66:2}{200:2} = \frac{\quad}{100} = $ ______ %

$\frac{27}{300} = \frac{27:3}{300:3} = \frac{\quad}{100} = $ ______ %

$\frac{68}{400} = \frac{68:4}{400:4} = \frac{\quad}{100} = $ ______ %

b) $\frac{55}{500} = \frac{\quad}{100} = $ ______ %

$\frac{480}{800} = \frac{\quad}{100} = $ ______ %

$\frac{540}{900} = \frac{\quad}{100} = $ ______ %

c) $\frac{240}{1200} = \frac{\quad}{100} = $ ______ %

$\frac{170}{1000} = \frac{\quad}{100} = $ ______ %

$\frac{140}{2000} = \frac{\quad}{100} = $ ______ %

7 Schreibe in Prozent, indem du zunächst kürzt und dann erweiterst.

a) $\frac{33}{150} = \frac{\quad}{50} = \frac{\quad}{100} = $ ______ %

$\frac{45}{250} = \frac{\quad}{50} = \frac{\quad}{100} = $ ______ %

$\frac{14}{350} = \frac{\quad}{50} = \frac{\quad}{100} = $ ______ %

b) $\frac{12}{30} = \frac{\quad}{10} = \frac{\quad}{100} = $ ______ %

$\frac{42}{70} = \frac{\quad}{10} = \frac{\quad}{100} = $ ______ %

$\frac{28}{80} = \frac{\quad}{20} = \frac{\quad}{100} = $ ______ %

c) $\frac{27}{90} = \frac{\quad}{\quad} = \frac{\quad}{100} = $ ______ %

$\frac{18}{150} = \frac{\quad}{\quad} = \frac{\quad}{100} = $ ______ %

$\frac{21}{60} = \frac{\quad}{\quad} = \frac{\quad}{100} = $ ______ %

8 Vervollständige die Tabellen.

	a)	b)	c)	d)
Bruch	$\frac{3}{10}$			
Hundertstelbruch	$\frac{30}{100}$	$\frac{25}{100}$		
Dezimalzahl	0,3		0,2	
Prozent				80 %

	e)	f)	g)	h)
Bruch				$\frac{7}{50}$
Hundertstelbruch			$\frac{8}{100}$	
Dezimalzahl	0,75			
Prozent		15 %		

Grundbegriffe der Prozentrechnung

Von 32 Spielen hat Jennis Fußballmannschaft 24 gewonnen. Das sind 75 %.

32 ↓	24 ↓	75 % ↓
Ganzes Grundwert (G)	Teil vom Ganzen Prozentwert (W)	Anteil in % Prozentsatz (p %)

Der Grundwert entspricht immer 100 %.

Der Prozentwert entspricht immer dem Prozentsatz.

1 a) Ein Obstbauer besitzt 820 Obstbäume. 65 % davon sind Apfelbäume.

820 ↓ Ganzes Grundwert (G) 65 % ↓ Anteil in % Prozentsatz (p %) Gesucht: ______

b) Ein Buch hat 240 Seiten. Kim hat schon 216 Seiten gelesen.

240 ↓ Ganzes Grundwert (G) 216 ↓ Teil vom Ganzen Prozentwert (W) Gesucht: ______

c) Ein Aquarium enthält 102 Liter Wasser. Es ist zu 85 % gefüllt.

102 ↓ Teil vom Ganzen Prozentwert (W) 85 % ↓ Anteil in % Prozentsatz (p %) Gesucht: ______

2 Grundwert, Prozentwert, Prozentsatz: Welche Werte sind gegeben, welcher Wert ist gesucht?

a) An einem Einstellungstest nahmen 150 Personen teil. Nur 16 % haben bestanden.

Gegeben: Grundwert (G), ______ Gesucht: ______

b) Eine 200-Gramm-Tafel Bitterschokolade enthält 36 g Fett.

Gegeben: ______, ______ Gesucht: ______

c) In Kalsbach sind 450 Personen wahlberechtigt. Bei der Wahl wurden 324 Stimmen abgegeben.

Gegeben: ______, ______ Gesucht: ______

d) Eine Stadt hat 8 138 weibliche Einwohner. Das sind 52 % aller Einwohner der Stadt.

Gegeben: ______, ______ Gesucht: ______

e) Ein Glas enthält 0,4 *l* Apfelschorle. 45 % davon sind Apfelsaft.

Gegeben: ______, ______ Gesucht: ______

f) In einer Jugendherberge übernachten 228 Gäste. Dadurch sind 95 % aller Betten belegt.

Gegeben: ______, ______ Gesucht: ______

g) Herr Bauer verdient 2 800 € im Monat. Die Miete für seine Wohnung beträgt 18 % des Gehalts.

Gegeben: ______, ______ Gesucht: ______

Prozentwert berechnen

1 Berechne den Prozentwert.

a) 10 % von 500 g sind ______ g.

%	Masse (g)
100	
1	
10	

b) 3 % von 400 m^2 sind ______ m^2.

%	Fläche (m^2)
100	

c) 20 % von 50 m sind ______ m.

%	Strecke (m)

d) 5 % von 200 kg sind ______ kg.

e) 25 % von 60 t sind ______ t.

f) 15 % von 80 € sind ______ €.

Butter enthält 84 % Fett. Wie viel Gramm Fett sind in einer 250-Gramm-Packung enthalten?

Gegeben: Grundwert G = 250 g
Prozentsatz p % = 84 %
Gesucht: Prozentwert W

%	Masse (g)
100	250
1	$\frac{250}{100}$
84	$\frac{250 \cdot 84}{100} = 210$

Eine 250-g-Packung Butter enthält 210 g Fett.

2 a) Joghurt enthält 6 % Fett. Wie viel Gramm Fett sind in einem 150-Gramm-Becher enthalten?

Gegeben: Grundwert G = 150 g
Prozentsatz p % = 6 %
Gesucht: Prozentwert W

%	Masse (g)
100	
1	

Antwort: ____________________

b) Von den 1 200 Schülerinnen und Schülern einer Gesamtschule essen 45 % täglich in der Mensa. Wie viele Schülerinnen und Schüler sind das?

Gegeben: Grundwert G = ____________
Prozentsatz p % = ____________
Gesucht: Prozentwert W

%	Jugendliche

Antwort: ____________________

c) Ein Fußballstadion fasst 45 000 Zuschauer. Am vergangenen Sonntag waren 80 % aller Plätze besetzt. Wie viele Zuschauer waren im Stadion?

Gegeben: Grundwert G = ____________
Prozentsatz p % = ____________
Gesucht: Prozentwert W

%	Zuschauer

Antwort: ____________________

Grundwert berechnen

1 Berechne den Grundwert.

a) 10 % von ______ g sind 20 g.

%	Masse (g)
10	
1	
100	

b) 3 % von ______ € sind 12 €.

%	Betrag (€)
3	

c) 5 % von ______ m sind 15 m.

%	Strecke (m)

d) 2 % von ______ kg sind 8 kg.

e) 20 % von ______ € sind 80 €.

f) 10 % von ______ m^3 sind 11 m^3.

35 % der Oberfläche eines Teiches sind mit Algen bedeckt. Das sind 1 400 m^2. Wie groß ist die Oberfläche des Teiches?

Gegeben: Prozentsatz $p\,\% = 35\,\%$
Prozentwert $W = 1\,400\ m^2$
Gesucht: Grundwert G

%	Fläche (m^2)
35	1 400
1	$\frac{1\,400}{35}$
100	$\frac{1\,400 \cdot 100}{35} = 4\,000$

Der Teich hat eine Oberfläche von 4 000 m^2.

2 a) Ein Landwirt baut auf einer Fläche von 24 ha Getreide an. Das sind 80 % der Gesamtfläche seines Hofes. Wie viel Hektar bewirtschaftet er?

Gegeben: Prozentsatz $p\,\% = 80\,\%$
Prozentwert $W = 24$ ha

Gesucht: Grundwert G

%	Fläche (ha)
80	
1	

Antwort: ______________________

b) Kim kauft ein Tuch für 27 €. Sie gibt dafür 60 % ihres monatlichen Taschengeldes aus. Wie viel Euro Taschengeld erhält sie im Monat?

Gegeben: Prozentsatz $p\,\% =$ ________
Prozentwert $W =$ ________
Gesucht: Grundwert G

%	Betrag (€)

Antwort: ______________________

c) Eine Tafel Schokolade enthält 110 g Zucker. Das ist ein Anteil von 55 %. Wie viel Gramm wiegt die Tafel Schokolade?

Gegeben: Prozentsatz $p\,\% =$ ________
Prozentwert $W =$ ________
Gesucht: Grundwert G

%	Masse (g)

Antwort: ______________________

Prozentsatz berechnen

1 Berechne den Prozentsatz.

a) _____ % von 90 m sind 18 m.

Strecke (m)	%
90	100
1	

b) _____ % von 700 € sind 14 €.

Betrag (€)	%
	100

c) _____ % von 60 m^3 sind 15 m^3.

Volumen (m^3)	%

d) _____ % von 300 t sind 9 t.

e) _____ % von 200 l sind 40 l.

f) _____ % von 300 m sind 6 m.

Bei der Wahl zum Bürgermeister erhielt Tom Jäger 324 von 450 Stimmen. Wie viel Prozent sind das?

Gegeben: Grundwert G = 450 Stimmen
Prozentwert W = 324 Stimmen
Gesucht: Prozentsatz p %

Stimmen	%
450	100
1	$\frac{100}{450}$
324	$\frac{324 \cdot 100}{450} = 72$

Tom Jäger erhielt 72 % aller Stimmen.

2 a) Im 7. Jahrgang sind 52 von 80 Jungen Mitglied eines Sportvereins. Wie viel Prozent sind das?

Gegeben: Grundwert G = 80 Jungen
Prozentwert W = 52 Jungen
Gesucht: Prozentsatz p %

Jungen	%
80	100
1	

Antwort: ______________________________

b) Von den 175 Schülerinnen und Schülern des 7. Jahrgangs nehmen 14 nicht am Sportfest teil. Wie viel Prozent sind das?

Gegeben: Grundwert G = ______________
Prozentwert W = ______________
Gesucht: Prozentsatz p %

Jugendliche	%

Antwort: ______________________________

c) In einem 400 m^2 großen Garten befindet sich eine 260 m^2 große Rasenfläche. Wie viel Prozent der Gartenfläche sind mit Rasen eingesät?

Gegeben: Grundwert G = ______________
Prozentwert W = ______________
Gesucht: Prozentsatz p %

Fläche (m^2)	%

Antwort: ______________________________

Grundaufgaben der Prozentrechnung

1 Vervollständige die Angaben.

a) 1 % von 200 kg sind ____ kg.
3 % von 500 m sind ____ m.
10 % von 300 € sind ____ €.

b) 1 % von ____ cm sind 6 cm.
10 % von ____ € sind 4 €.
5 % von ____ g sind 10 g.

c) ____ % von 70 km sind 7 km.
____ % von 400 m^2 sind 4 m^2.
____ % von 100 t sind 8 t.

d) 50 % von 600 m sind ____ m.
25 % von 200 kg sind ____ kg.
75 % von 80 mm sind ____ mm.

e) 13 % von ____ € sind 13 €.
7 % von ____ g sind 14 g.
50 % von ____ m sind 1,5 m.

f) ____ % von 70 km sind 35 km.
____ % von 40 € sind 10 €.
____ % von 50 m^2 sind 5 m^2.

g) 15 % von 400 € sind ____ €.
8 % von 700 g sind ____ g.
90 % von 200 m sind ____ m.

h) 25 % von ____ kg sind 100 kg.
40 % von ____ € sind 200 €.
12 % von ____ cm^2 sind 24 cm^2.

i) ____ % von 60 t sind 12 t.
____ % von 80 km sind 4 km.
____ % von 40 m^3 sind 12 m^3.

2 Vervollständige die Tabellen.

	a)	b)	c)
Grundwert	550 m	320 kg	
Prozentwert			42 cm
Prozentsatz	12 %	35 %	24 %

	d)	e)	f)
Grundwert		150 €	250 g
Prozentwert	72 km	33 €	160 g
Prozentsatz	16 %		

	g)	h)	i)
Grundwert		2,5 l	7,5 m^3
Prozentwert	330 m^2		2,7 m^3
Prozentsatz	44 %	24 %	

Sachaufgaben zur Prozentrechnung

1 Von den 32 Schülerinnen und Schülern der Klasse 7 a sind heute acht krank.

Frage: ______________________________

Gegeben: ______________ ______________

______________ ______________

Gesucht: ______________________________

Antwort: ______________________________

2 Der Tank eines Wagens enthält 30 Liter Benzin. Er ist zu 40 % gefüllt.

Frage: ______________________________

Gegeben: ______________ ______________

______________ ______________

Gesucht: ______________________________

Antwort: ______________________________

3 2 000 Schrauben wurden geprüft. 60 Schrauben hatten Mängel.

Frage: ______________________________

Gegeben: ______________ ______________

______________ ______________

Gesucht: ______________________________

Antwort: ______________________________

4 Während des Winterschlafs verliert ein Igel 30 % seines Gewichts. Das sind 240 g.

Frage: ______________________________

Gegeben: ______________ ______________

______________ ______________

Gesucht: ______________________________

Antwort: ______________________________

Sachaufgaben zur Prozentrechnung

5 Leons Schule hat 1 240 Schülerinnen und Schüler. 35 % von ihnen sind über 16 Jahre alt.

Frage: ______________________

Gegeben: ______________ ________

______________ ________

Gesucht: ______________________

Antwort: ______________________

6 Bei der Wahl des Vertrauenslehrers werden 35 Stimmen abgegeben. Frau Scheidt erhält 21 Stimmen.

Frage: ______________________

Gegeben: ______________ ________

______________ ________

Gesucht: ______________________

Antwort: ______________________

7 Familie Ruf unternimmt eine Wanderung. 1,2 km hat sie schon zurückgelegt. Das sind 8 % des Weges.

Frage: ______________________

Gegeben: ______________ ________

______________ ________

Gesucht: ______________________

Antwort: ______________________

8 250 g Haferflocken enthalten 175 g Kohlenhydrate.

Frage: ______________________

Gegeben: ______________ ________

______________ ________

Gesucht: ______________________

Antwort: ______________________

Sachaufgaben zur Prozentrechnung

9 Familie Klein erwirbt für 65 000 € ein Wohnmobil. Sie finanziert 44 % des Kaufpreises mit ihrem Sparguthaben, 36 % mit einer Erbschaft und den Rest mit einem Kredit.
Wie viel Euro sind das jeweils?

Antwort: ______________________________

____

10 Salami enthält 58 % Fett, 40 % Eiweiß und 2 % Kohlenhydrate. Wie viel Gramm sind das jeweils bei einer 125-Gramm-Packung?

Antwort: ______________________________

____

11 Von den Schülerinnen und Schülern des 7. Jahrgangs haben sich 45 für eine Fremdsprache als Wahlpflichtfach entschieden, 72 für Naturwissenschaften und 33 für Arbeitslehre.
Wie viel Prozent sind das jeweils?

Antwort: ______________________________

____

12 Thea und Luisa unternehmen eine dreitägige Radtour von Kiel nach Büsum. Am ersten Tag fahren sie 42 km, am zweiten Tag 48 km und am dritten Tag 30 km.
Wie viel Prozent der gesamten Strecke legen sie an jedem einzelnen Tag zurück?

Antwort: ______________________________

____

13 Ein Supermarkt bietet 650 Kartons mit Waschmittel als Sonderangebot an. Am Montag werden 208 Kartons verkauft, am Dienstag 143 Kartons, am Mittwoch 169 Kartons und am Donnerstag die restlichen Kartons.
Wie viel Prozent sind das jeweils?

Antwort: ______________________________

____

Prozentuale Abnahme

Eine Digitalkamera kostete bisher 350 €. Der Preis wird um 10 % gesenkt. Wie hoch ist der reduzierte Preis?

1. Lösungsweg		2. Lösungsweg	
Preissenkung:	10 % von 350 € sind 35 €.	Prozentsatz:	100 % – 10 % = 90 %
Reduzierter Preis:	350 € – 35 € = 315 €	Reduzierter Preis:	90 % von 350 € sind 315 €.

Der reduzierte Preis der Digitalkamera beträgt 315 €.

1 Ein Paar Sportschuhe kostete bisher 60 €. Der Preis wird um 10 % gesenkt. Wie viel Euro kosten die Schuhe nach der Preissenkung?

1. Lösungsweg

Preissenkung: 10 % von 60 € sind ________ €.

Ermäßigter Preis: 60 € – ________ € = ________ €

2. Lösungsweg

Prozentsatz: 100 % – 10 % = 90 %

Ermäßigter Preis: 90 % von 60 € sind ________ €.

Antwort: ________________________________

2 Für ihre Krankenversicherung bezahlte Frau Schneiders bisher 350 € im Monat. Der Beitrag wird um 2 % gesenkt.

Frage: ________________________________

Antwort: ________________________________

3 Im Jahr 2019 wurden in Hannover 580 mm Niederschlag gemessen. Im Jahr 2020 war die Niederschlagsmenge um 15 % geringer.

Frage: ________________________________

Antwort: ________________________________

4 Im Juli besuchten 2 450 Personen das Freibad. Im August war die Anzahl der Badegäste um 12 % geringer.

Frage: ________________________________

Antwort: ________________________________

5 Frau Attig kauft einen Drucker für 280 €. Bei einem anderen Händler bezahlt Herr Bauer für das gleiche Gerät 5 % weniger.

Frage: ________________________________

Antwort: ________________________________

Prozentuale Zunahme

Ein Auto kostet 20 000 €. Der Hersteller erhöht den Preis um 5 %. Wie hoch ist der neue Preis?

1. Lösungsweg

Erhöhung: 5 % von 20 000 € sind 1 000 €.

Erhöhter Preis: 20 000 € + 1 000 € = 21 000 €

2. Lösungsweg

Prozentsatz: 100 % + 5 % = 105 %

Erhöhter Preis: 105 % von 20 000 € sind 21 000 €.

Der erhöhte Preis für das Auto beträgt 21 000 €.

1 Für ihre Wohnung bezahlte Familie Mai bisher 400 € im Monat. Die Miete wird um 5 % erhöht. Wie viel Euro muss Familie Mai nach der Mieterhöhung bezahlen?

1. Lösungsweg

Mieterhöhung: 5 % von 400 € sind ________ €.

Erhöhte Miete: 400 € + ________ € = ________ €

2. Lösungsweg

Prozentsatz: 100 % + 5 % = 105 %

Erhöhte Miete: 105 % von 400 € sind ________ €.

Antwort: ____________________

2 Im vergangenen Jahr verbrauchte Familie Horst 1 850 m^3 Wasser. In diesem Jahr ist ihr Verbrauch um 12 % gestiegen.

Frage: ____________________

Antwort: ____________________

3 Im Jahr 2020 besuchten 42 820 Personen den Zoo. Im Jahr 2021 war die Anzahl der Besucher um 15 % höher.

Frage: ____________________

Antwort: ____________________

4 Eine Schülermonatskarte des Verkehrsverbunds kostete bisher 30 €. Der Preis wird um 4 % erhöht.

Frage: ____________________

Antwort: ____________________

5 Bisher verdiente Frau Breiter 2 450 € im Monat. Sie erhält eine Gehaltserhöhung von 1,6 %.

Frage: ____________________

Antwort: ____________________

Prozentuale Veränderungen

1 Trage jeweils die reduzierten Preise ein.

a) 

10 % Preissenkung

~~50 €~~ ___ € ~~90 €~~ ___ € ~~70 €~~ ___ €

b) 

30 % Preissenkung

~~20 €~~ ___ € ~~30 €~~ ___ € ~~12 €~~ ___ €

c) 

25 % Preissenkung

~~40 €~~ ___ € ~~24 €~~ ___ € ~~52 €~~ ___ €

d) 

20 % Preissenkung

~~10 €~~ ___ € ~~15 €~~ ___ € ~~12 €~~ ___ €

2 Trage die erhöhten Preise ein.

a) 

10 % Preiserhöhung

~~150 €~~ ___ € ~~80 €~~ ___ € ~~130 €~~ ___ €

b) 

3 % Preiserhöhung

~~200 €~~ ___ € ~~150 €~~ ___ € ~~80 €~~ ___ €

c) 

5 % Preiserhöhung

~~80 €~~ ___ € ~~120 €~~ ___ € ~~130 €~~ ___ €

d) 

20 % Preiserhöhung

~~150 €~~ ___ € ~~90 €~~ ___ € ~~110 €~~ ___ €

3 Im Großhandel werden alle Preise ohne Mehrwertsteuer angegeben. Berechne jeweils den Preis einschließlich 19 % Mehrwertsteuer.

Euroshop
Großhandel für Elektronik und Multimedia

 600 € ___ €

 150 € ___ €

 40 € ___ €

 575 € ___ €

 250 € ___ €

Prozentrechnung bei Umfragen

1 Die Schülerinnen und Schüler der Lise-Meitner-Schule wurden gefragt, wo sie sich am liebsten mit ihren Freundinnen und Freunden treffen. Vervollständige die Tabelle und beschrifte das Streifendiagramm.

	Anzahl	Anteil (%)
in der eigenen Wohnung	238	
im Einkaufszentrum	272	
in einer Freizeiteinrichtung	170	
beim Sport	102	
an anderen Orten	68	
insgesamt		100 %

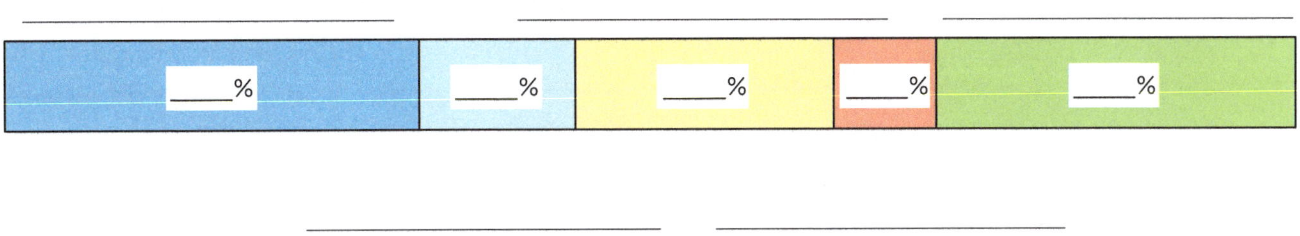

2 Die Schülerinnen und Schüler der Lise-Meitner-Schule wurden gefragt, mit welchem Verkehrsmittel sie zur Schule kommen. Vervollständige die Tabelle und beschrifte das Kreisdiagramm.

	Anzahl	Anteil (%)
mit dem Fahrrad	221	
mit dem Bus	306	
zu Fuß	170	
mit dem Mofa	34	
im Auto der Eltern	119	
insgesamt		100 %

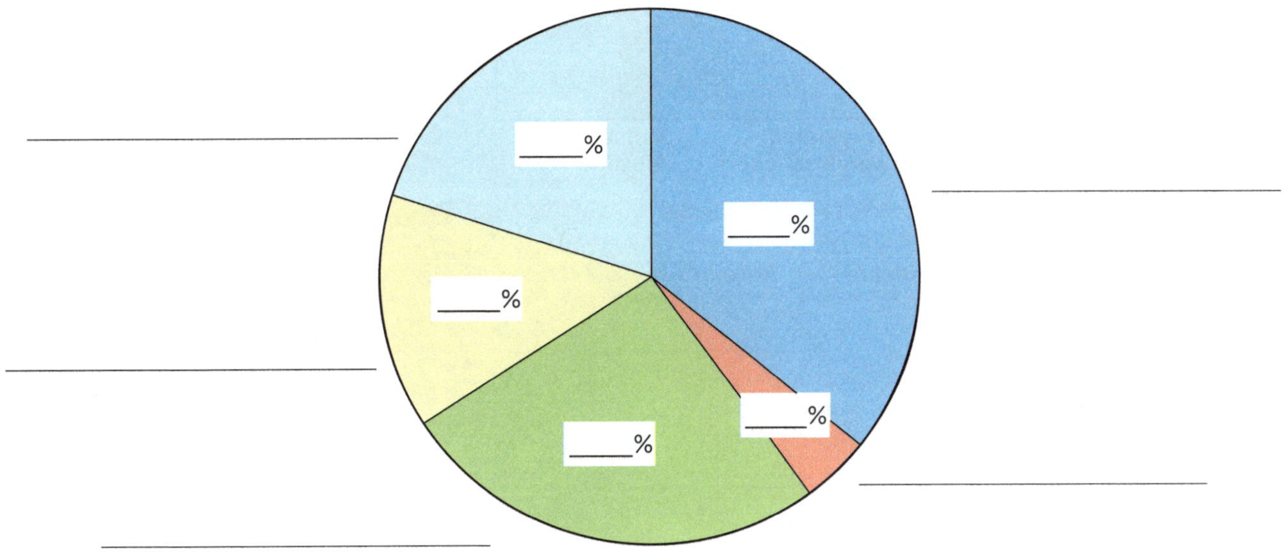

Prozentrechnung bei Umfragen

3 Mädchen im Alter von sechs bis zwölf Jahren wurden nach ihrem Lieblingsfach befragt.
Im abgebildeten Säulendiagramm ist dargestellt, wie viele Mädchen jedes der Fächer genannt haben. Vervollständige die Tabelle.

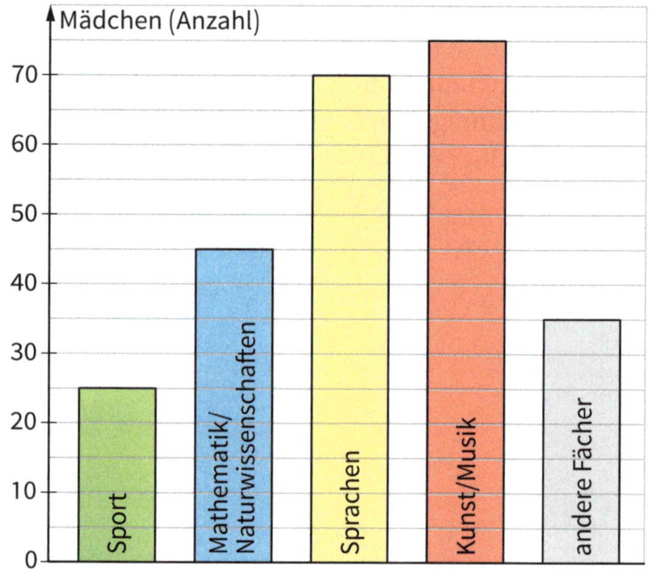

	Anzahl	Anteil (%)
Sport		
Mathematik oder Naturwissenschaften		
Sprachen		
Kunst oder Musik		
andere Fächer		

4 800 Jungen im Alter von sechs bis zwölf Jahren wurden nach ihrem Lieblingsfach gefragt. Das Ergebnis der Umfrage ist im abgebildeten Streifendiagramm dargestellt.
Vervollständige die Tabelle.

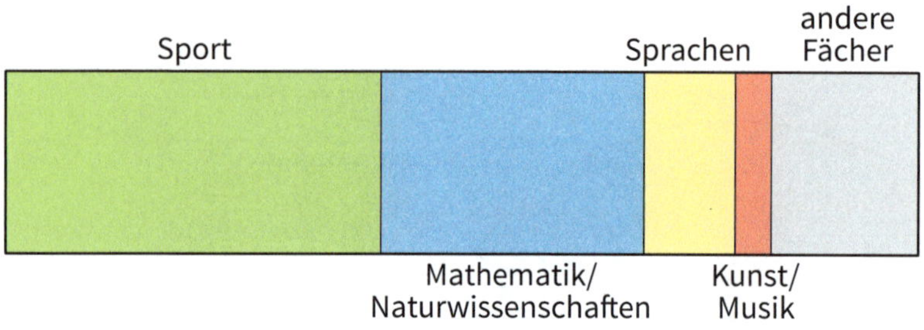

	Anzahl	Anteil (%)
Sport		
Mathematik oder Naturwissenschaften		
Sprachen		
Kunst oder Musik		
andere Fächer		

AUSGANGSTEST 3 – Prozentrechnung

1 Erweitere den Bruch auf den Nenner Hundert und schreibe in Prozent.

a) $\frac{3}{10}$ = ____ = ____ % b) $\frac{7}{50}$ = ____ = ____ % c) $\frac{11}{20}$ = ____ = ____ %

2 Vervollständige die Tabelle.

	a)	b)	c)	d)
Bruch	$\frac{3}{4}$			
Hundertstelbruch		$\frac{60}{100}$		
Dezimalzahl			0,15	
Prozent				25 %

3 Vervollständige die Angaben.

a) 1 % von 300 kg sind ____ kg.
3 % von 200 m sind ____ m.

b) 10 % von ____ € sind 6 €.
5 % von ____ cm sind 2 cm.

c) ____ % von 70 g sind 7 g.
____ % von 20 m^2 sind 5 m^2.

4 Von den 850 Schülerinnen und Schülern einer Schule essen 32 % regelmäßig in der Mensa.

5 Beim Verkauf seines Autos erhält Herr Botz 12 000 €. Das sind 40 % des Neupreises.

6 Beim Bau eines Hauses wurden 280 m^3 Erde ausgehoben. 182 m^3 Erde sind bereits abgefahren.

7 Im Jahr 2020 haben in Neustadt 220 Schülerinnen und Schüler die Abiturprüfung bestanden. Im Jahr 2021 waren es 15 % mehr.

8 Ein T-Shirt kostete ursprünglich 20 €. Der Preis wurde um 30 % reduziert.

9 Von 340 Fahrrädern hatten 15 % Mängel. Wie viele Fahrräder hatten keine Mängel?

Zufallsexperimente 4

Zufallsexperimente durchführen und auswerten

1 Das abgebildete Glücksrad wurde mehrmals gedreht und die Ergebnisse jeweils in einer Strichliste festgehalten.

Strichliste

Ergebnis	
blau	卌 卌 卌 I
weiß	卌 卌 卌 卌 II
grün	卌 卌 卌 IIII
rot	卌 卌 卌 卌
gelb	卌 卌 卌 卌 III

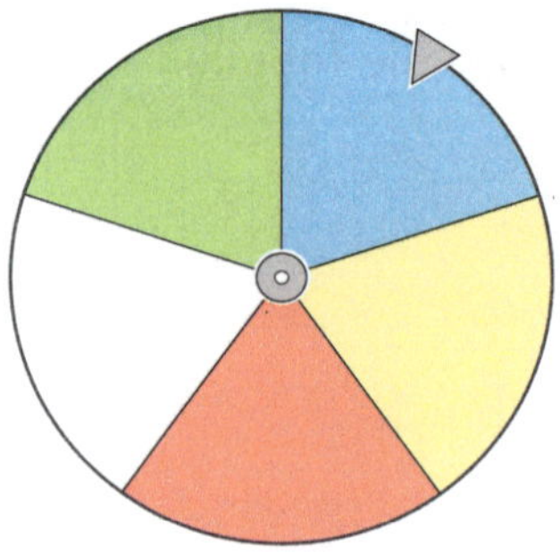

a) Bestimme die absoluten Häufigkeiten und trage sie in die Tabelle ein.
b) Berechne die relativen Häufigkeiten als Bruch und als Dezimalzahl und trage sie ebenfalls in die Tabelle ein. Berechne auch die Summe der relativen Häufigkeiten als Bruch und als Dezimalzahl.

Ergebnis:	blau
absolute Häufigkeit für das Ergebnis:	16
Anzahl aller Drehungen:	100
relative Häufigkeit für das Ergebnis als Bruch:	$\frac{16}{100}$
relative Häufigkeit für das Ergebnis als Dezimalzahl:	$\frac{16}{100} = 0{,}16$

Häufigkeitstabelle

Ergebnis	absolute Häufigkeit	relative Häufigkeit als	
		Bruch	Dezimalzahl
blau	16	$\frac{16}{100}$	0,16
weiß			
grün			
rot			
gelb			
Summe	100		

c) Stelle die absoluten Häufigkeiten und die relativen Häufigkeiten grafisch dar. Vervollständige dazu das abgebildete Säulendiagramm und das abgebildete Balkendiagramm.

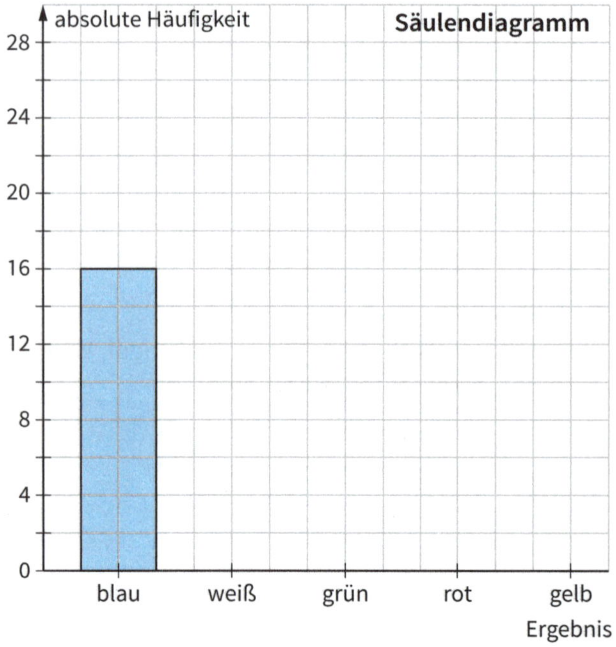

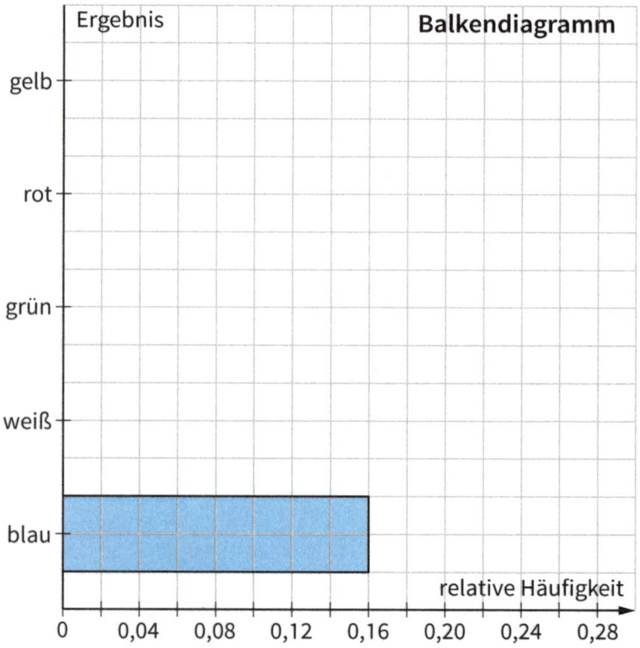

Zufallsexperimente durchführen und auswerten

2 Wenn zwei unterschiedliche Münzen (zum Beispiel eine 2-Cent-Münze und eine 5-Cent-Münze) zusammen geworfen werden, ist das ein Zufallsexperiment.

a) Nimm zwei unterschiedliche Münzen und lege fest, welche die 1. Münze und welche die 2. Münze sein soll.
Wirf beide Münzen 50-mal und notiere die Ergebnisse in der Strichliste. Das Ergebnis „Zahl“ bei einer Münze wird dabei mit Z, das Ergebnis „Bild“ mit B abgekürzt.

b) Bestimme die absoluten Häufigkeiten und fülle die Tabelle aus.

Häufigkeitstabelle

Ergebnis	absolute Häufigkeit	relative Häufigkeit als	
		Bruch	Dezimalzahl
(B, B)			
(B, Z)			
(Z, B)			
(Z, Z)			

c) Stelle die absoluten Häufigkeiten in einem Säulendiagramm dar.

Doppelter Münzwurf

1. Münze: ________ 2. Münze: ________

Strichliste

1. Münze B, 2. Münze B	
1. Münze B, 2. Münze Z	
1. Münze Z, 2. Münze B	
1. Münze Z, 2. Münze Z	

Säulendiagramm

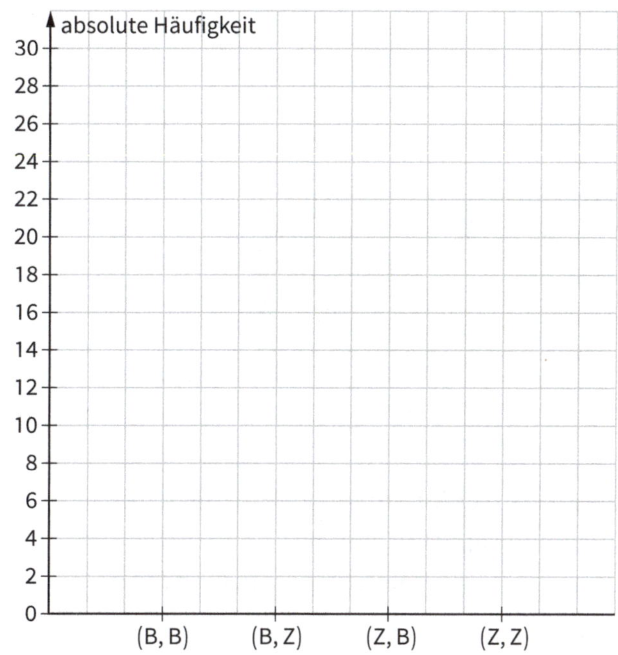

3 Wirf 100-mal eine Heftzwecke oder einmal 100 Heftzwecken.

a) Halte die Ergebnisse in einer Strichliste fest und bestimme die absoluten Häufigkeiten.

b) Berechne die relativen Häufigkeiten als Bruch und in Prozent und trage sie in die Häufigkeitstabelle ein.

Häufigkeitstabelle

Ergebnis	absolute Häufigkeit	relative Häufigkeit	
		als Bruch	in Prozent
Kopf			
Seite			

c) Stelle die relativen Häufigkeiten in einem Balkendiagramm dar.

Strichliste

Kopf 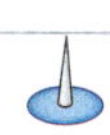	
Seite 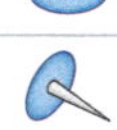	

Balkendiagramm

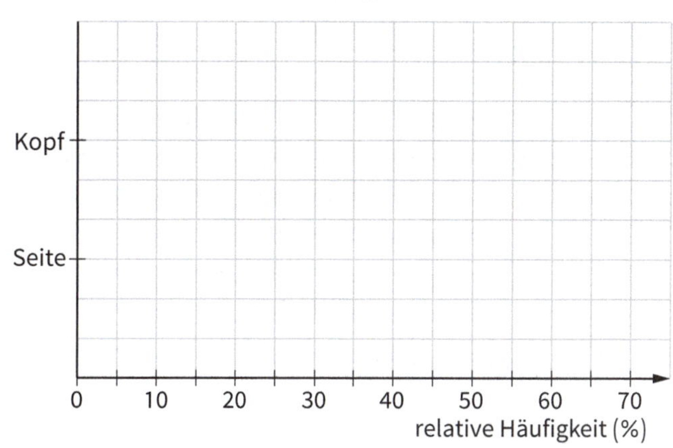

Zufallsexperimente durchführen und auswerten

4 Die Klasse 7 c hat 50 zufällig ausgewählte Mitschüler nach ihrer Lieblingssportart gefragt. Die Ergebnisse haben sie in einer Häufigkeitstabelle dargestellt.
Die Ergebnisse sollen in einem Streifendiagramm dargestellt werden (Gesamtlänge 15 cm).
Berechne wie im Beispiel die Länge der einzelnen Abschnitte, zeichne sie in den Streifen ein und beschrifte sie.

$\frac{1}{50}$ von 15 cm sind 0,3 cm.
$\frac{15}{50}$ von 15 cm sind 0,3 cm · 15 = 4,50 cm

Lieblingssportart Jungen

Sportart	absolute Häufigkeit	relative Häufigkeit
Fußball	15	$\frac{15}{50} = 0{,}30$
Basketball	10	$\frac{10}{50} = 0{,}20$
Inlineskaten	5	$\frac{5}{50} = 0{,}10$
Mountainbiken	5	$\frac{5}{50} = 0{,}10$
Schwimmen	5	$\frac{5}{50} = 0{,}10$
Handball	10	$\frac{10}{50} = 0{,}20$

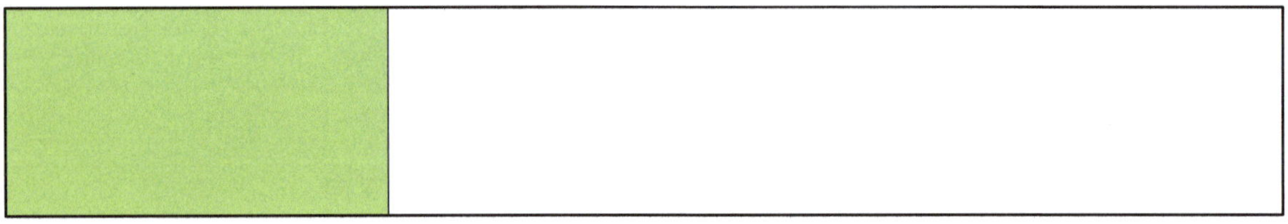
Fußball

5 Auch Mitschülerinnen wurden nach ihrer Lieblingssportart gefragt.

Lieblingssportart Mädchen

Sportart	absolute Häufigkeit	relative Häufigkeit
Tennis	6	$\frac{6}{40} = 0{,}15$
Volleyball	8	
Inlineskaten	4	
Turnen	6	
Reiten	12	
Handball	4	

Stelle die Befragungsergebnisse in einem Kreisdiagramm dar. Berechne dazu zunächst wie für die Sportart Tennis die Winkelgrößen der zugehörigen Kreisausschnitte. Zeichne dann die Winkel ein und beschrifte die Kreisausschnitte.

$\frac{1}{40}$ von 360° sind 9°.
$\frac{6}{40}$ von 360° sind 9° · 6 = 54°.

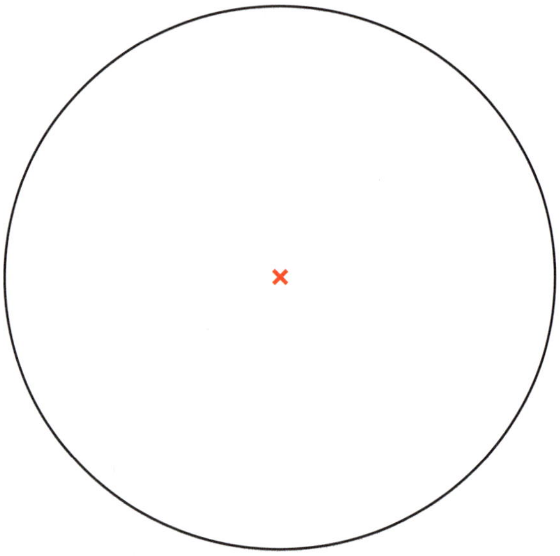

Zufallsexperimente durchführen und auswerten

6 Aus der abgebildeten Urne soll mehrmals nacheinander eine Kugel gezogen, ihre Farbe notiert und dann wieder zurückgelegt werden.

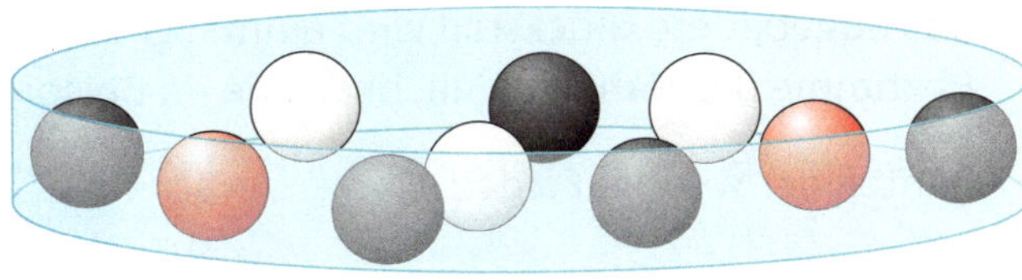

a) Welche Häufigkeiten erwartest du für die einzelnen Ergebnisse?
Vervollständige die Tabellen.

I

Ergebnis	Anzahl der Ziehungen	erwartete absolute Häufigkeit	erwartete relative Häufigkeit	
			als Bruch	als Dezimalzahl
rot	100	20	$\frac{20}{100}$	0,20
weiß	100			
schwarz	100			

II

Ergebnis	Anzahl der Ziehungen	erwartete absolute Häufigkeit	erwartete relative Häufigkeit	
			als Bruch	als Dezimalzahl
rot	400	80		
weiß	400			
schwarz	400			

III

Ergebnis	Anzahl der Ziehungen	erwartete absolute Häufigkeit	erwartete relative Häufigkeit	
			als Bruch	als Dezimalzahl
rot	2 000			
weiß	2 000			
schwarz	2 000			

b) Was stellst du fest?

____

____

7 Ein Glücksrad ist in acht gleich große Felder eingeteilt, die die Ziffern 1, 2, 3 oder 4 tragen. Das Glücksrad wurde 200-mal gedreht. Die Häufigkeitstabelle zeigt dir, wie oft der Zeiger auf ein Feld mit der entsprechenden Ziffer zeigte.

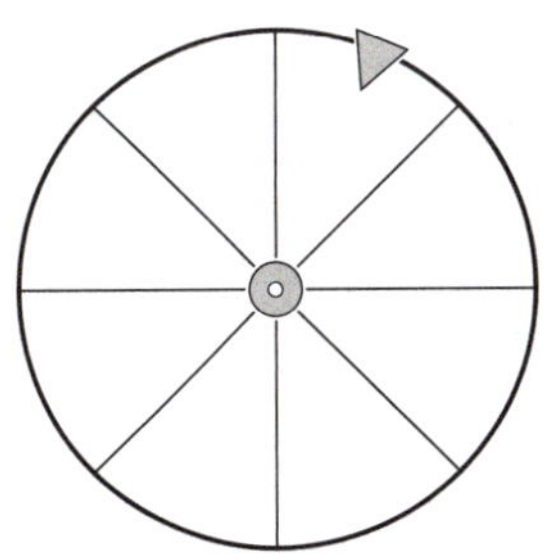

Ergebnis	absolute Häufigkeit
1	78
2	45
3	55
4	22

Wie viele Felder tragen die Ziffer 1, wie viele jeweils die Ziffer 2, 3 oder 4?

____

____

____

Wahrscheinlichkeiten bestimmen

1 Das abgebildete Glücksrad wird einmal gedreht. Bestimme die Wahrscheinlichkeit wie im Beispiel.

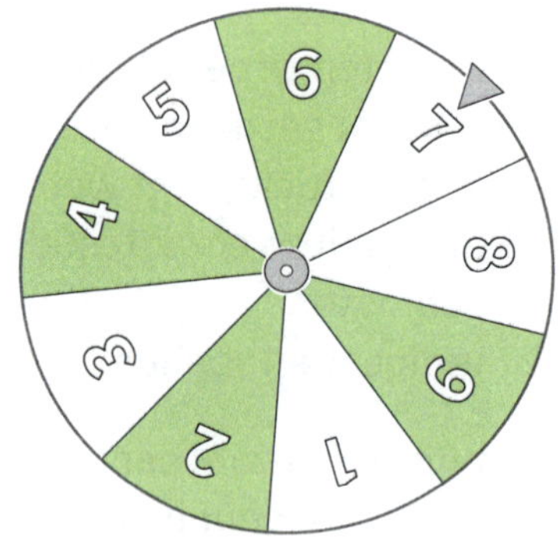

Anteil der weißen Felder: $\frac{5}{9}$

Wahrscheinlichkeit dafür, dass der Zeiger auf ein weißes Feld zeigt: $\frac{5}{9}$

a) Wahrscheinlichkeit dafür, dass der Zeiger auf die Zahl 7 zeigt: ______

b) Wahrscheinlichkeit dafür, dass der Zeiger auf ein grünes Feld zeigt: ______

2 Aus der abgebildeten Urne wird eine Kugel gezogen. Bestimme die Wahrscheinlichkeit des folgenden Ergebnisses.

a) Es wird eine grüne Kugel gezogen. ______

b) Es wird eine gelbe Kugel gezogen. ______

c) Es wird eine weiße Kugel gezogen. ______

d) Es wird eine Kugel mit der Ziffer 4 gezogen. ______

e) Es wird eine Kugel mit der Ziffer 3 gezogen. ______

f) Es wird eine Kugel mit der Ziffer 2 gezogen. ______

3 a) Die Seitenflächen des abgebildeten Oktaeder-Würfels sind mit den Ziffern von 1 bis 8 beschriftet. Er wird einmal geworfen. Bestimme die Wahrscheinlichkeit für jedes Ergebnis. ______

b) Wie groß ist die Wahrscheinlichkeit, dass eine gerade Zahl gewürfelt wird? ______

4 In einer Lostrommel befinden sich 250 Lose, die die Zahlen von 1 bis 250 tragen. Der Hauptgewinn ist das Los mit der Nummer 100.

a) Das erste Los wird gezogen. Wie groß ist die Wahrscheinlichkeit dafür, dass der Hauptgewinn gezogen wird? ______

b) Bei der ersten Ziehung wird das Los mit der Nummer 100 nicht gezogen. Wie groß ist die Wahrscheinlichkeit dafür, dass es bei der zweiten Ziehung gezogen wird? ______

5 Eine Streichholzschachtel wurde viele Male geworfen und anschließend ihre Lage notiert. Die Ergebnisse werden in der Häufigkeitstabelle zusammengefasst. Bestimme für jedes Ergebnis einen Schätzwert für die Wahrscheinlichkeit.

Ergebnis	absolute Häufigkeit
Seitenfläche	270
Grund- oder Deckfläche	610
Vorder- oder Rückfläche	120
Summe	

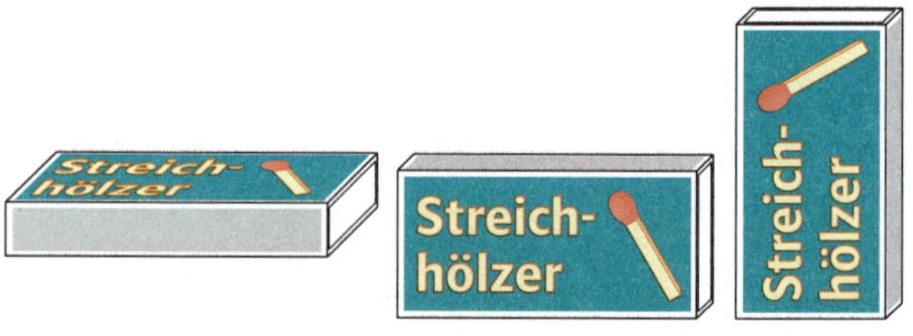

Seitenfläche: ______ Grund- oder Deckfläche: ______ Vorder- oder Rückfläche: ______

Wahrscheinlichkeiten bestimmen

6 In einem Autoquartett sind auf zwölf Karten deutsche Autos, auf acht Karten französische, auf neun Karten japanische und auf sieben Karten italienische Autos abgebildet. Eine Karte wird gezogen. Bestimme die Wahrscheinlichkeit aller Ergebnisse.

Es wird ein deutsches Auto gezogen. ________ Es wird ein französisches Auto gezogen. ________

Es wird ein japanisches Auto gezogen. ________ Es wird ein italienisches Auto gezogen. ________

7 Bei einer Tombola gibt es insgesamt 500 Lose. Davon sind 400 Lose Nieten, 60 Freilose, 35 Lose Kleingewinne und 5 Lose Hauptgewinne. Ein Los wird gezogen. Bestimme die Wahrscheinlichkeit des folgenden Ergebnisses.

a) Es wird eine Niete gezogen. ________ b) Es wird ein Freilos gezogen. ________

c) Es wird ein Kleingewinn gezogen. ________ d) Es wird ein Hauptgewinn gezogen. ________

8 Bei einem Farbsehtest wurde bei 66 von 750 Männern eine Rot-Grün-Farbsehschwäche festgestellt.
Von 500 untersuchten Frauen hatten nur 4 Frauen eine Rot-Grün-Farbsehschwäche.
Bestimme die Wahrscheinlichkeit dafür, dass ein zufällig ausgewählter Mann (eine zufällig ausgewählte Frau) eine Rot-Grün-Farbsehschwäche hat. Gib sie als Bruch und als Dezimalzahl an.

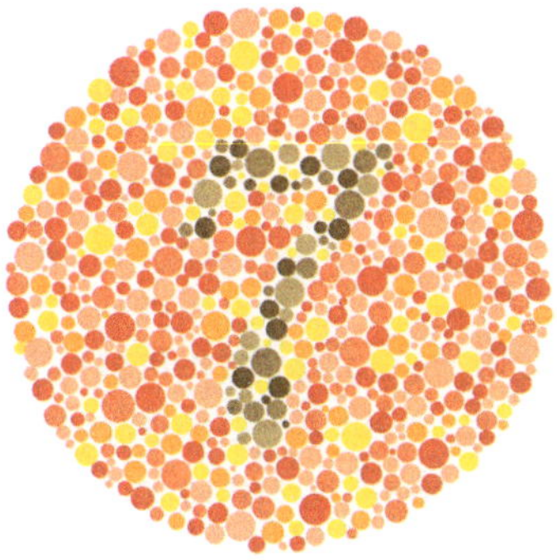

Farbsehschwäche bei einem Mann: ________________

Farbsehschwäche bei einer Frau: ________________

9 Eine Impfung schützt vor einer schweren Erkrankung an einer Virusinfektion. Von 25 Millionen geimpften Erwachsenen erkrankten 20 durch Nebenwirkungen der Impfung schwer. Von 10 Millionen ungeimpften Erwachsenen erkrankten 200 000 Erwachsene schwer an der Virusinfektion.
Berechne die Wahrscheinlichkeit, an den Nebenwirkungen der Impfung zu erkranken, und die Wahrscheinlichkeit, an der Virusinfektion zu erkranken. Vergleiche.

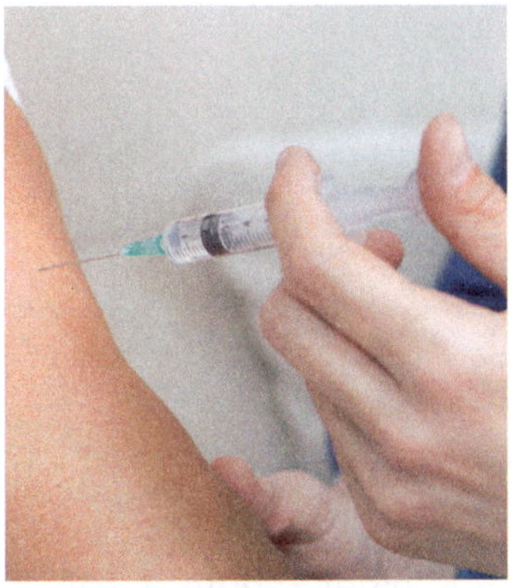

10 Die Seitenflächen des abgebildeten Oktaeders können beschriftet werden.

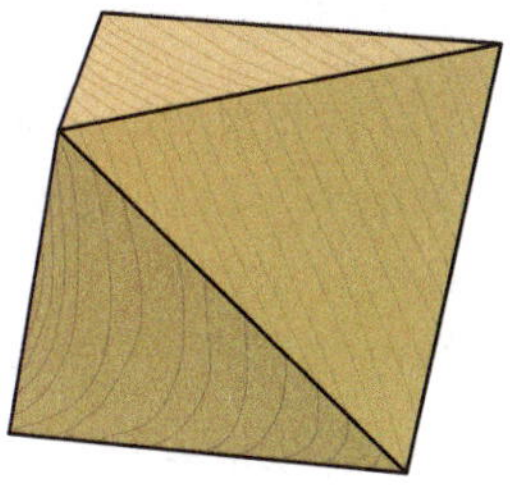

a) Wie müssen die Seitenflächen beschriftet werden, wenn die Wahrscheinlichkeit dafür, dass eine 1, 2, 3 oder 4 oben liegt, jeweils $\frac{1}{4}$ sein soll?

b) Wie müssen die Seitenflächen beschriftet werden, wenn die 1 und die 4 jeweils mit einer Wahrscheinlichkeit von $\frac{1}{8}$, die 2 mit einer Wahrscheinlichkeit von $\frac{1}{4}$ und die 3 mit einer Wahrscheinlichkeit von $\frac{1}{2}$ gewürfelt werden soll?

Wahrscheinlichkeiten bestimmen

11 Eine Urne soll so mit roten, blauen, grünen und gelben Kugeln gefüllt werden, dass die Wahrscheinlichkeit für das Ziehen einer roten Kugel 0,1, für das Ziehen einer blauen Kugel 0,2, für das Ziehen einer grünen Kugel 0,3 und für das Ziehen einer gelben Kugel 0,4 beträgt.
Im Beispiel siehst du, wie du die Anzahlen der farbigen Kugeln berechnen kannst, wenn insgesamt 20 Kugeln in der Urne sind.
Berechne zu der vorgegebenen Gesamtzahl für jede Farbe die Anzahl der Kugeln.

Gesamtzahl der Kugeln: 20

Anzahl der roten Kugeln:

$0{,}1 = \frac{1}{10}$, $\frac{1}{10}$ von 20 Kugeln sind 2 Kugeln

Anzahl der blauen Kugeln:

$0{,}2 = \frac{2}{10}$, $\frac{2}{10}$ von 20 Kugeln sind $2 \cdot 2 = 4$ Kugeln

a) 50 Kugeln

b) 80 Kugeln

12 Teile das abgebildete Glücksrad so ein, dass die farbigen Anteile den angegebenen Wahrscheinlichkeiten entsprechen.

weiß: $\frac{1}{8}$, grün: $\frac{1}{3}$, blau: $\frac{1}{6}$, rot: $\frac{1}{4}$, gelb: $\frac{1}{8}$

Färbe die Kreisausschnitte entsprechend ein.

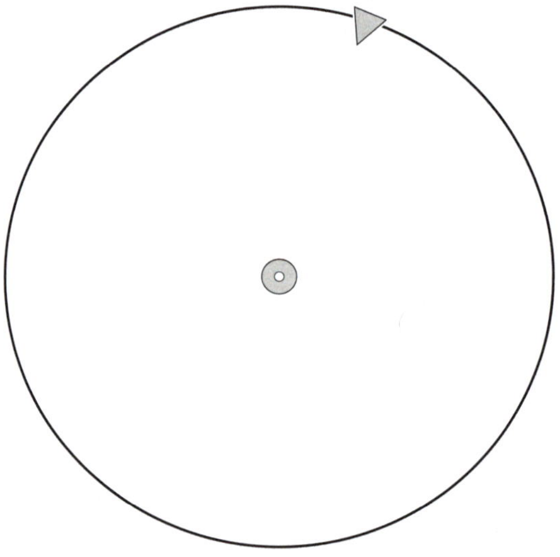

13 In einer Schule wurden Schülerinnen und Schüler nach der Anzahl der Kinder in ihrer Familie gefragt. Die Tabelle zeigt das Ergebnis der Umfrage.
Ein zufällig ausgewählter Schüler wird nach der Anzahl der Kinder in seiner Familie gefragt.
Bestimme die Wahrscheinlichkeit zu der angegebenen Kinderzahl.

Anzahl der Kinder	absolute Häufigkeit
1	248
2	188
3	44
4	12
5	8
Summe	

a) ein Kind: ______

b) zwei Kinder: ______

c) drei Kinder: ______

d) mehr als ein Kind: ______

e) mehr als zwei Kinder: ______

f) weniger als vier Kinder: ______

Wahrscheinlichkeiten bestimmen

14 Die Schülerinnen und Schüler der 7 a wollen auf dem Schulfest Lose verkaufen.
Sie haben dazu 250 Lose vorbereitet.
225 Lose sind Nieten, bei 20 Losen sollen 5 € ausbezahlt werden, bei vier Losen 20 € und beim Hauptgewinn 50 €.

a) Ein Los wird gezogen. Bestimme für jede Losart die Wahrscheinlichkeit.

Niete: ________ 5-€-Gewinn: ________

20-€-Gewinn: ________ Hauptgewinn: ________

b) Jedes Los soll 1 € kosten. Erzielen die Schülerinnen und Schüler einen Gewinn, wenn alle Lose verkauft werden?

Antwort: ________________________________

____

____

c) Die Schülerinnen und Schüler der 7 a wollen mit ihrer Losbude mindestens 120 € Gewinn erzielen, wenn sie alle Lose verkaufen. Welchen Preis müssen sie dann für ein Los verlangen?

Antwort: ________________________________

____

____

15 Justin schlägt den Mädchen und Jungen seiner Klasse das folgende Glücksspiel vor.
Eine Münze wird dreimal geworfen.
Erscheint dreimal Motiv, zahlt Justin seinem Gegenspieler 30 Cent. Erscheint zweimal Motiv, zahlt er 10 Cent. In jedem anderen Fall bekommt Justin 20 Cent.

a) Ist das Spiel fair? Begründe deine Antwort.

Antwort: ________________________________

____

____

b) Wie müssen die Spielregeln verändert werden, damit bei jedem Spieler auf Dauer Gewinn und Verlust gleich groß ist?

Antwort: ________________________________

____

____

AUSGANGSTEST 4 – Zufallsexperimente

1 Kevin hat mehrmals einen Würfel geworfen und die Ergebnisse seines Zufallsexperiments in einer Urliste festgehalten.

Augenzahlen beim Werfen eines Würfels

2 4 5 3 2 1 1 5 6 6 2 3 4 5 6 1 2 1
3 4 5 3 2 6 5 6 4 3 2 6 4 3 5 2 1 1
5 3 3 3 5 6 6 1 2 1 4 3 4 6

a) Ermittle mithilfe der abgebildeten Strichliste die absoluten Häufigkeiten und trage sie in die Häufigkeitstabelle ein.

b) Berechne die Summe der absoluten Häufigkeiten.

c) Bestimme die relativen Häufigkeiten der einzelnen Ergebnisse als Bruch und Dezimalzahl.

d) Berechne die Summe der relativen Häufigkeiten. Was stellst du fest?

___

___

Strichliste

Augenzahl	absolute Häufigkeit
1	
2	
3	
4	
5	
6	

Häufigkeitstabelle

Ergebnis	absolute Häufigkeit	relative Häufigkeit
1		
2		
3		
4		
5		
6		
Summe		

2 Zufällig ausgewählte Schülerinnen und Schüler wurden gefragt, mit welchem Verkehrsmittel sie zur Schule kommen.
Das Ergebnis der Umfrage wird in der unten abgebildeten Häufigkeitstabelle dargestellt.

Verkehrsmittel	absolute Häufigkeit	relative Häufigkeit
Bus	30	
Fahrrad	30	
zu Fuß	25	
Auto	15	
Summe		

a) Stelle das Ergebnis der Umfrage in einem Balkendiagramm dar.

b) Bestimme die relativen Häufigkeiten und stelle das Ergebnis der Umfrage in einem Streifendiagramm (Gesamtlänge 16 cm) dar.

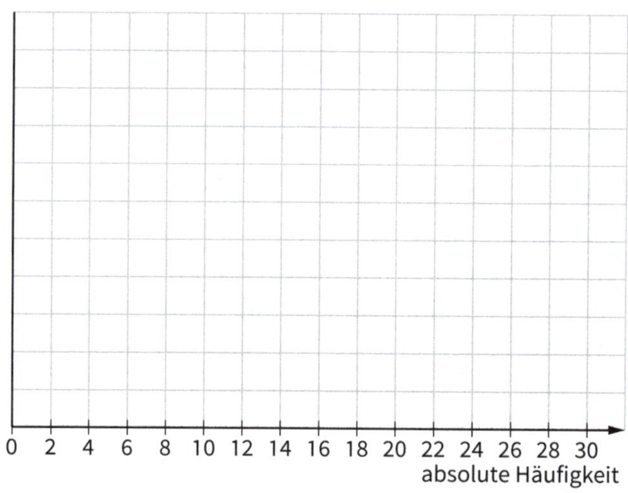

AUSGANGSTEST 4 – Zufallsexperimente

3 Das abgebildete Glücksrad soll mehrmals gedreht und die angezeigte Farbe notiert werden.

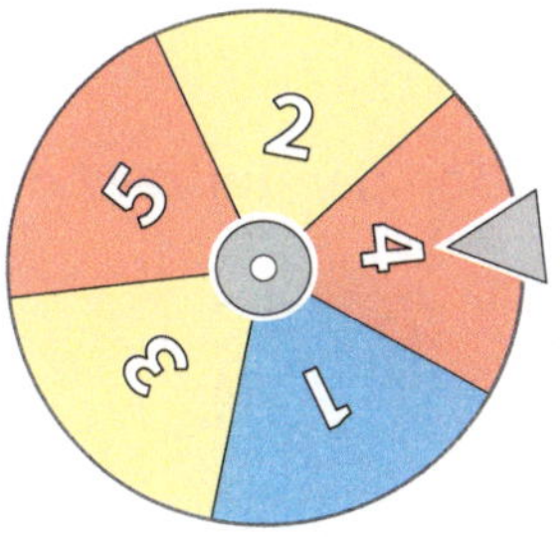

a) Welche Häufigkeiten erwartest du für die einzelnen Ergebnisse? Vervollständige die Tabellen.

100 Drehungen

Ergebnis	erwartete absolute Häufigkeit	erwartete relative Häufigkeit als	
		Bruch	Dezimalzahl
gelb			
rot			
blau			

1 000 Drehungen

Ergebnis	erwartete absolute Häufigkeit	erwartete relative Häufigkeit als	
		Bruch	Dezimalzahl
gelb			
rot			
blau			

b) Was stellst du fest? ______________________________

____

4 In einer Urne befinden sich 25 gleichartige Kugeln. Davon sind acht rot, sechs weiß, sieben schwarz und vier Kugeln blau gefärbt.
Eine Kugel wird aus der Urne gezogen.
Berechne die Wahrscheinlichkeiten aller möglichen Ergebnisse.

Die gezogene Kugel ist rot. ________

Die gezogene Kugel ist weiß. ________

Die gezogene Kugel ist schwarz. ________

Die gezogene Kugel ist blau. ________

5 Jugendliche in Deutschland wurden gefragt, wie häufig sie Bücher lesen. Das Ergebnis der Befragung wird in der Häufigkeitstabelle dargestellt.
Ein zufällig ausgewählter Jugendlicher wird gefragt, wie häufig er Bücher liest.
Gib zu jedem Ergebnis einen Schätzwert für die Wahrscheinlichkeit an.

nie ________

einmal pro Monat oder weniger ________

einmal pro Woche oder weniger ________

täglich oder mehr als einmal die Woche ________

Ergebnis	absolute Häufigkeit
nie	410
einmal pro Monat oder weniger	250
einmal pro Woche oder weniger	160
täglich oder mehr als einmal die Woche	180
Summe	

6 In einer Urne befinden sich 36 gleichartige Kugeln, die die Ziffer 1 oder 2 oder 3 oder 4 tragen.
Die Wahrscheinlichkeit dafür, dass eine Kugel mit der Ziffer 1 gezogen wird, soll ein Sechstel betragen. Für eine Kugel mit der Ziffer 2 soll die Wahrscheinlichkeit ein Viertel betragen, für eine Kugel mit der Ziffer 3 ein Drittel und für eine Kugel mit der Ziffer 4 ebenfalls ein Viertel. Bestimme zu jeder Ziffer die Anzahl der Kugeln in der Urne.

Antwort: ______________________________

____

Rationale Zahlen

Rationale Zahlen darstellen und ordnen

1 Welche Temperatur zeigt das Thermometer an?

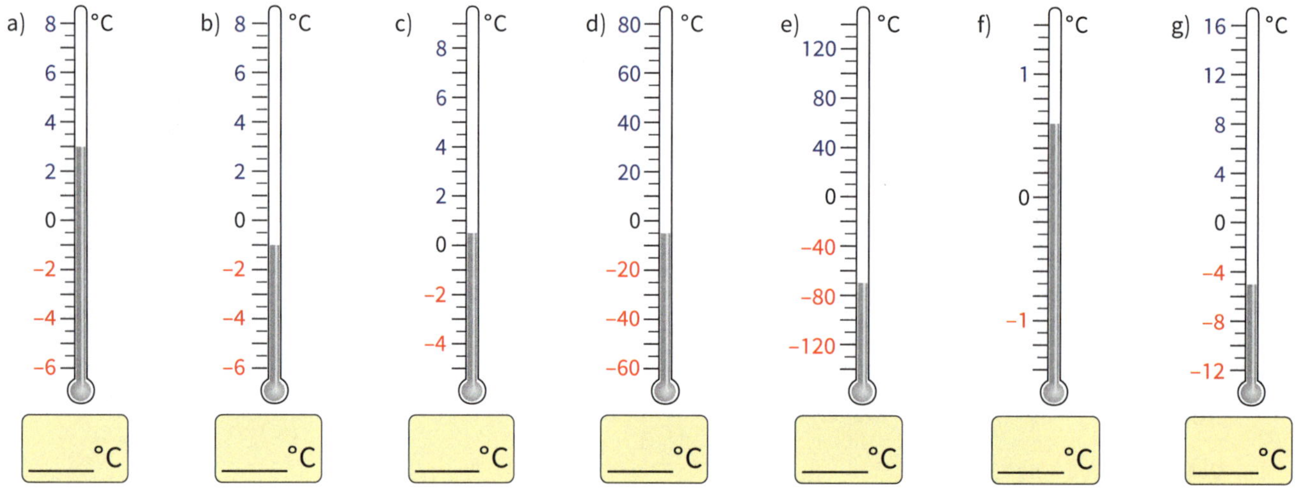

2 Ergänze die Temperaturskala und zeichne die Thermometerflüssigkeit für die angegebene Temperatur farbig ein.

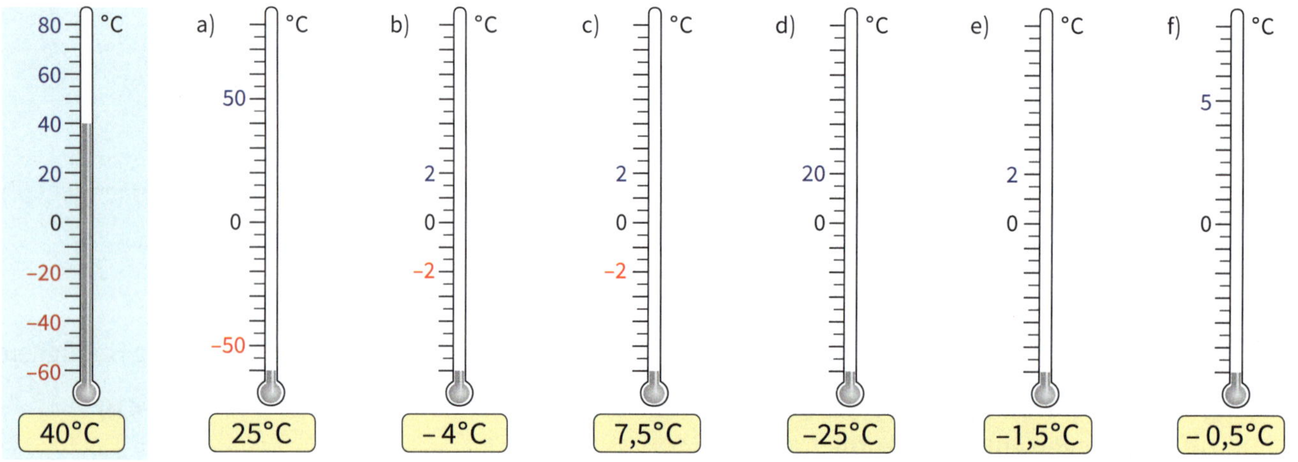

3 Lies die Temperaturen ab und vergleiche sie. Setze > oder < ein.

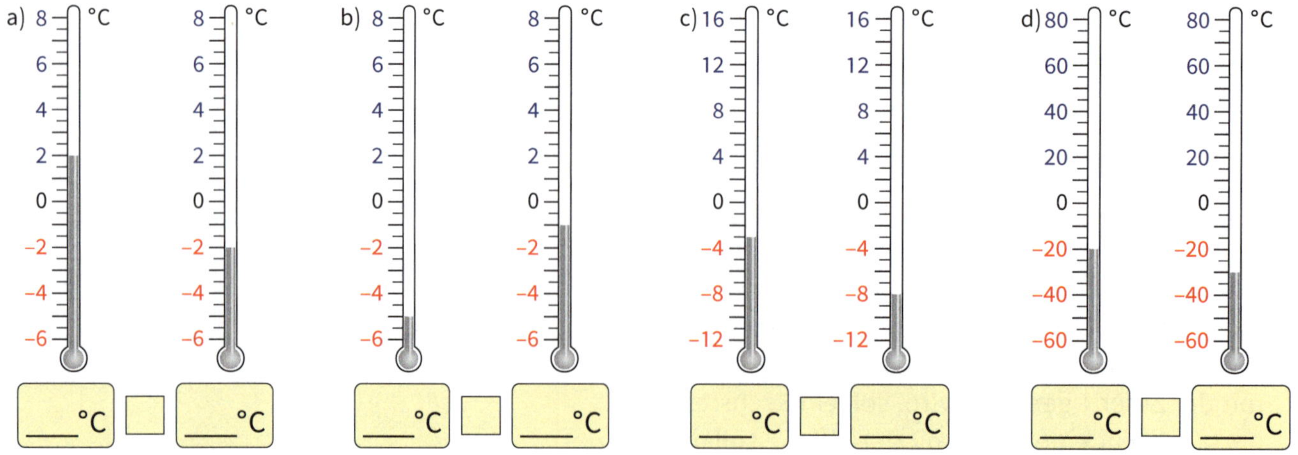

4 Vergleiche die Temperaturen. Setze < oder > ein.

a) 5 °C ☐ –4 °C
–5 °C ☐ 11 °C

b) –3 °C ☐ 9 °C
12 °C ☐ –4 °C

c) –5 °C ☐ –10 °C
–8 °C ☐ –1 °C

d) –7 °C ☐ –2 °C
–5 °C ☐ –6 °C

Rationale Zahlen darstellen und ordnen

5 Gib die Zahl an der markierten Stelle der Zahlengeraden an.

a)

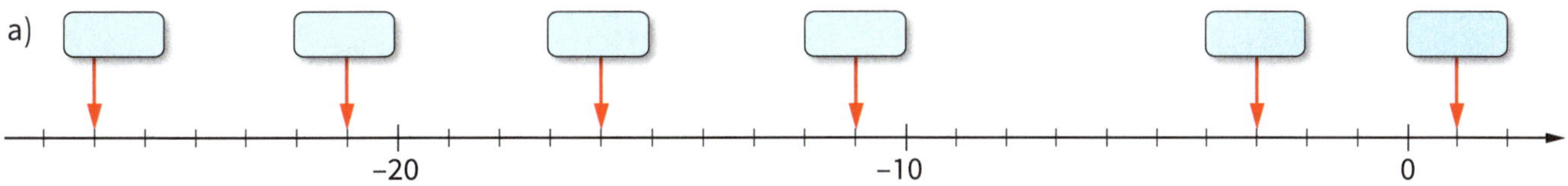

b)

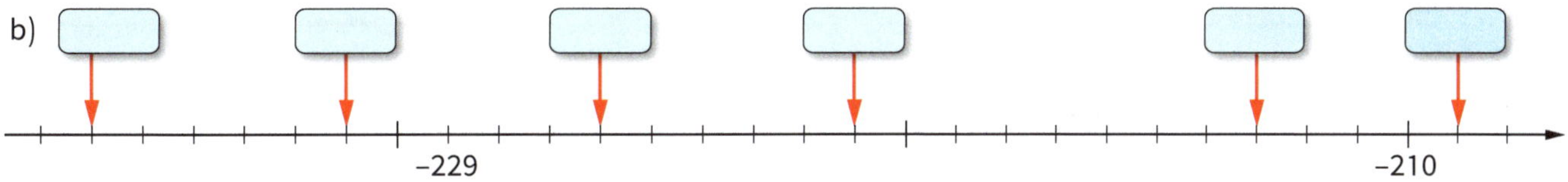

c)

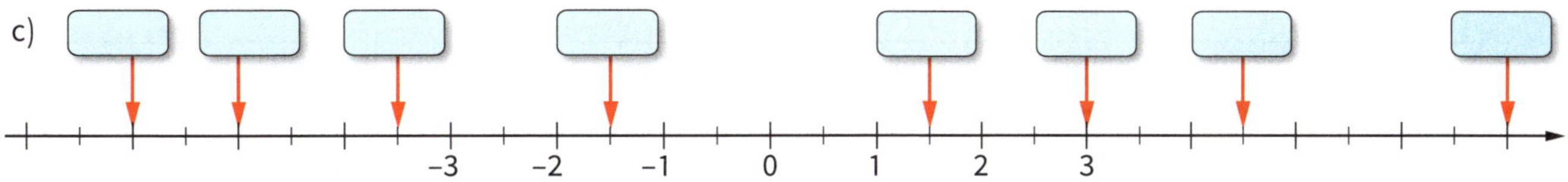

6 Vergleiche die Zahlen. Setze < oder > ein.

a)	b)	c)	d)	e)
+3 ___ −5	−13 ___ −25	−41 ___ −54	−3,8 ___ +3,7	−5,02 ___ −5,01
−4 ___ −8	−18 ___ +12	−54 ___ −45	+3,7 ___ +3,8	+2,77 ___ −2,78
−2 ___ +2	+36 ___ −51	−38 ___ +83	−7,1 ___ +1,7	−8,03 ___ −8,3

7 Ergänze passende rationale Zahlen.

a) −15 < ___ < −10 < ___ < −9 < ___ < −5 < ___ < ___ < 0 < ___ < ___ < 4

b) −10 < ___ < ___ < ___ < ___ < −5 < ___ < ___ < ___ < ___ < 0 < ___ < 3

8 Ordne der Größe nach.

a) 8; −8; 5; −5; 3; −3; 1; −1 ___ < ___ < ___ < ___ < ___ < ___ < ___ < ___

b) −11; −1; 4; −4; 2; −5; 0; −7 ___ < ___ < ___ < ___ < ___ < ___ < ___ < ___

9 a) Notiere drei rationale Zahlen, die auch natürliche Zahlen sind. ______ ______ ______

b) Notiere drei ganze Zahlen, die keine natürlichen Zahlen sind. ______ ______ ______

c) Notiere drei negative rationale Zahlen, die keine ganzen Zahlen sind. ______ ______ ______

10 Ergänze jeweils durch passende rationale Zahlen.

a) −1,7 < ___ < ___ < −1,6

−2,3 < ___ < ___ < −2,2

−3,03 < ___ < ___ < −3,02

b) −3,1 < ___ < ___ < ___ < −3

−1,52 < ___ < ___ < ___ < −1,5

−1 < ___ < ___ < ___ < −0,9

Temperaturdiagramme

1 Das abgebildete Diagramm zeigt den Temperaturverlauf in Elmshorn an einem Wintertag zwischen 23.00 Uhr und 14.00 Uhr des Folgetages.

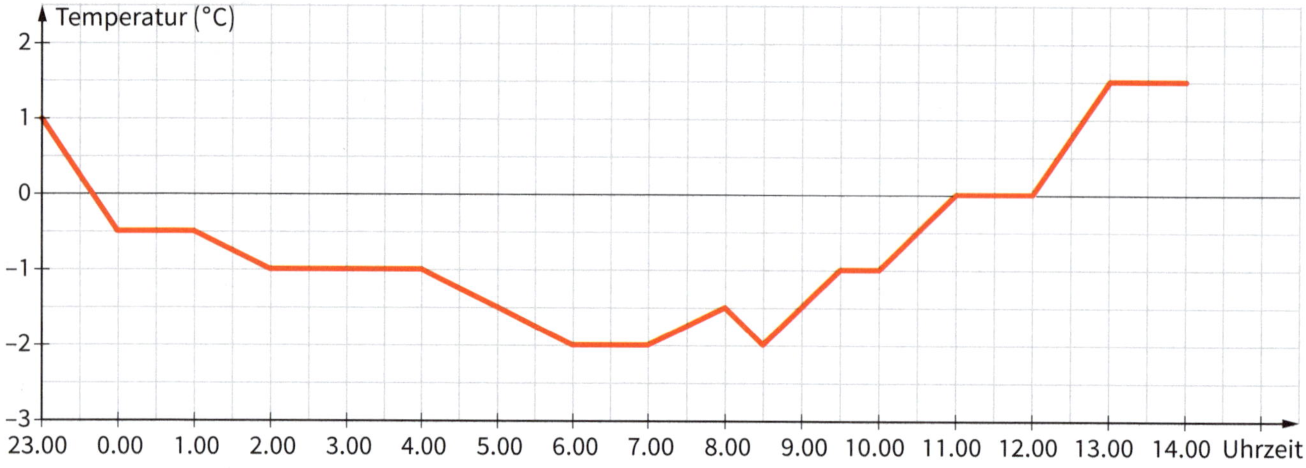

a) Lies die Temperatur aus dem Diagramm ab für

0 Uhr ________ 5 Uhr ________ 9 Uhr ________ 12 Uhr ________ 14 Uhr ________

b) In welchem Zeitraum ist die Temperatur am stärksten gefallen? ____________________

c) In welchem Zeitraum ist die Temperatur am stärksten angestiegen? ____________________

2 Erstelle ein Temperaturdiagramm für die folgenden Uhrzeiten und Temperaturwerte.

Uhrzeit	23	0	1	2	3	4	5	6	7	8	9	10	11	12	13	14
Temperatur (°C)	−0,5	−1	−1	−1,5	−1,5	−2	−2,5	−3	−3,5	−2	−0,5	1	1	1,5	2,5	2,5

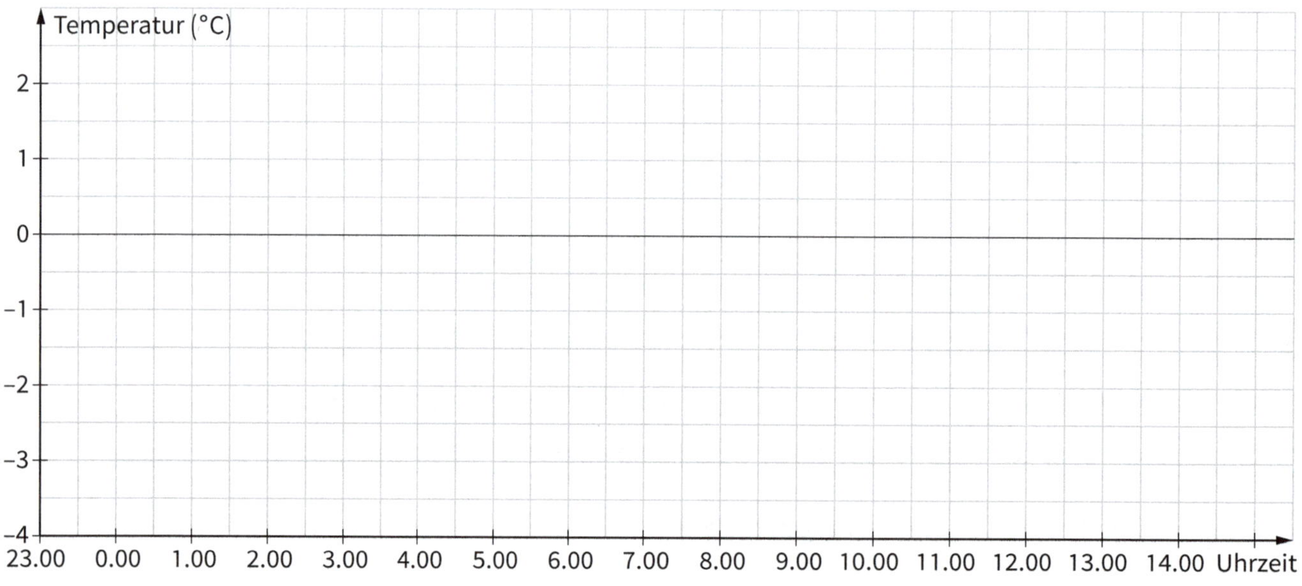

Rationale Zahlen addieren und subtrahieren

Wenn ich Guthaben dazubekomme, ist das „positiv".
(+4) + (+7)
4 + 7

Wenn mir jemand Schulden erlässt, ist das auch „positiv".
(+4) − (−7)
4 + 7

Wenn ich Schulden dazubekomme, ist das „negativ".
(+4) + (−7)
4 − 7

Wenn ich Guthaben abgeben muss, ist das auch „negativ".
(+4) − (+7)
4 − 7

1 Schreibe ohne Klammern und berechne.

a) (+19) − (−11) = 19 + 11 = ______
(+28) − (−32) = ______ = ______
(+11) − (−25) = ______ = ______

b) (+16) + (−30) = ______ = ______
(+22) + (−18) = ______ = ______
(+21) + (−24) = ______ = ______

c) (+18) − (+31) = ______ = ______
(+40) − (+29) = ______ = ______
(+17) − (+52) = ______ = ______

d) (−60) − (−34) = ______ = ______
(−45) − (+20) = ______ = ______
(−19) + (−12) = ______ = ______

2 Berechne.

a) −45 − 12 = ______
−23 − 16 = ______
−82 − 10 = ______
−58 − 41 = ______

b) −12 − 41 = ______
−70 − 22 = ______
−37 − 52 = ______
−73 − 26 = ______

c) +45 − 39 = ______
+62 − 21 = ______
+29 − 18 = ______
+44 − 33 = ______

d) +45 − 60 = ______
+12 − 21 = ______
+29 − 38 = ______
+51 − 72 = ______

e) −38 + 41 = ______
−33 + 73 = ______
−28 + 47 = ______
−17 + 32 = ______

f) −70 + 55 = ______
−60 + 31 = ______
−17 + 29 = ______
−37 − 45 = ______

g) +62 − 14 = ______
−34 + 46 = ______
−55 + 80 = ______
+21 − 43 = ______

h) −98 + 75 = ______
+88 − 34 = ______
−48 − 17 = ______
−72 − 20 = ______

i) −59 − 42 = ______
+27 − 51 = ______
−55 − 24 = ______
−37 + 52 = ______

Beide Zeichen gleich:
+15 + 21 = +36
−15 − 21 = −36
Addiere die Beträge.
Setze im Ergebnis das gemeinsame Vorzeichen.

Verschiedene Zeichen:
+28 − 13 = +15
−28 + 13 = −15
Subtrahiere den kleineren vom größeren Betrag.
Setze im Ergebnis das Zeichen der Zahl mit dem größeren Betrag.

Rationale Zahlen addieren und subtrahieren

3 Berechne wie im Beispiel.

$-12 + 23 - 7 + 14 - 18 + 2$
$= 23 + 14 + 2 - 12 - 7 - 18$
$= 39 - 37$
$= 2$

a) $21 - 25 + 8 + 16 - 4 - 17 + 7 - 5$
=

b) $-51 - 24 + 41 - 3 - 8 + 13 - 5$
=

4 Schreibe ohne Klammern und berechne.

$(-5) + (-8) - (-4) - (+9) + (+1)$
$= -5 - 8 + 4 - 9 + 1$
$= -5 - 8 - 9 + 4 + 1$
$= -22 + 5$
$= -17$

a) $(-13) + (+8) - (-3) + (-12) - (+9)$
=

b) $-12 - (+5) - (-3) + 8 + (-19) + 7$
=

5 Berechne schriftlich.

$-2315 - 968 = -3283$

```
  2 3 1 5
+   9 6 8
---------
  3 2 8 3
```

$345 - 468 =$ ______________

$-9\,652 + 6\,321 =$ ______________

$-6\,374 + 12\,856 =$ ______________

6 Vervollständige den Additionsturm.

a)

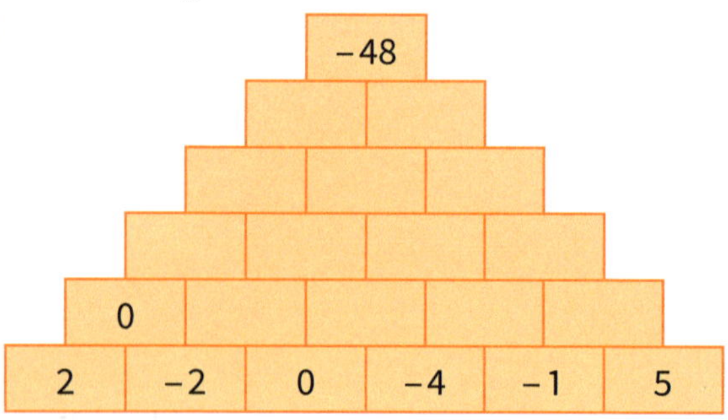

b)

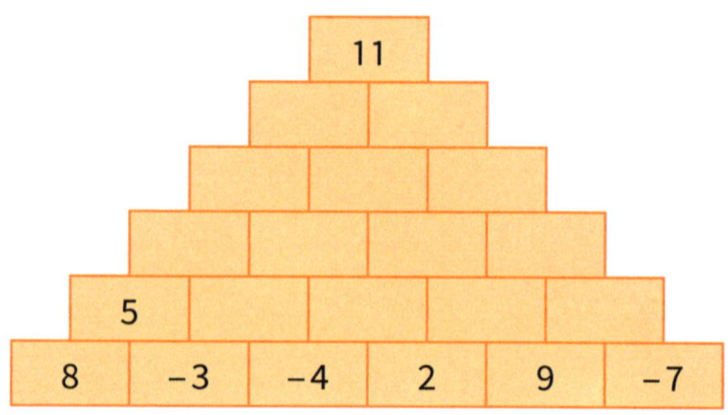

7 Wenn du bei einem Zauberquadrat die Summe der Zahlen in einer Reihe, Spalte oder Diagonalen bildest, erhältst du die sogenannte „magische Zahl".

0	5	−2
−1	1	3
4	−3	2

$0 + 5 + (-2) = \mathbf{3}$

$0 + (-1) + 4 = \mathbf{3}$

$0 + 1 + 2 = \mathbf{3}$

magische Zahl: 3

Ergänze die Quadrate A und B zu einem Zauberquadrat.

A

4	−3	
	1	
0		

magische Zahl: 3

B

−5		
		4
7		

magische Zahl: −6

Rationale Zahlen multiplizieren und dividieren

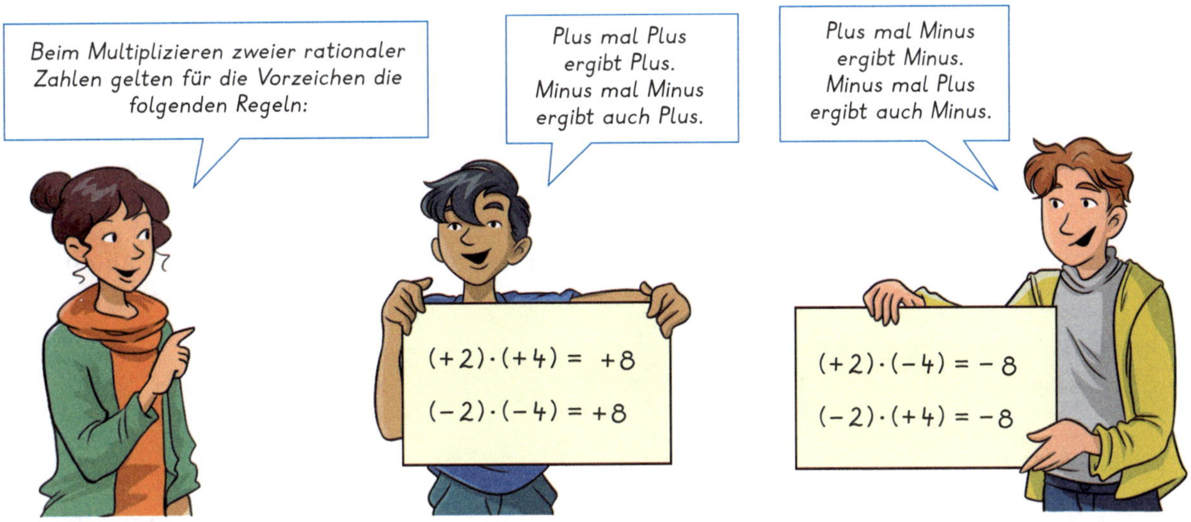

1 Multipliziere. Überlege zuerst, welches Vorzeichen das Ergebnis hat.

a) $(+3) \cdot (+7) =$ ______
$(-2) \cdot (-8) =$ ______
$(-5) \cdot (-6) =$ ______

b) $(+11) \cdot (-3) =$ ______
$(-12) \cdot (+4) =$ ______
$(-10) \cdot (-7) =$ ______

c) $(+6) \cdot (-8) =$ ______
$(-9) \cdot (+7) =$ ______
$(+5) \cdot (-9) =$ ______

d) $(-13) \cdot (-5) =$ ______
$(-15) \cdot (+4) =$ ______
$(+16) \cdot (-3) =$ ______

e) $(-25) \cdot (-4) =$ ______
$(-22) \cdot (+3) =$ ______
$(+5) \cdot (-14) =$ ______

f) $(-6) \cdot (+12) =$ ______
$(+35) \cdot (-2) =$ ______
$(-10) \cdot (-9) =$ ______

g) $(-18) \cdot (+3) =$ ______
$(-4) \cdot (-17) =$ ______
$(+24) \cdot (-3) =$ ______

h) $(+12) \cdot (+8) =$ ______
$(-11) \cdot (+11) =$ ______
$(+21) \cdot (-5) =$ ______

2 Dividiere. Überlege zuerst, welches Vorzeichen das Ergebnis hat.

a) $(+12) : (+6) =$ ______
$(-24) : (-3) =$ ______
$(-32) : (-8) =$ ______

b) $(+16) : (-8) =$ ______
$(-20) : (+5) =$ ______
$(+27) : (-3) =$ ______

c) $(-28) : (-7) =$ ______
$(-36) : (+9) =$ ______
$(-42) : (-7) =$ ______

d) $(+36) : (-3) =$ ______
$(+48) : (+8) =$ ______
$(+45) : (-9) =$ ______

e) $(-51) : (-3) =$ ______
$(-66) : (+6) =$ ______
$(-96) : (-8) =$ ______

f) $(-72) : (-9) =$ ______
$(+63) : (-7) =$ ______
$(-90) : (+5) =$ ______

g) $(+54) : (-3) =$ ______
$(-56) : (-4) =$ ______
$(+57) : (-3) =$ ______

h) $(+65) : (-5) =$ ______
$(-92) : (-4) =$ ______
$(-87) : (+3) =$ ______

Rationale Zahlen multiplizieren und dividieren

3 Berechne.

a) $(+5) \cdot (+20) =$ ______
$(-3) \cdot (-15) =$ ______
$(+8) \cdot (-12) =$ ______

b) $(-80) : (-5) =$ ______
$(+72) : (-9) =$ ______
$(-85) : (+5) =$ ______

Multiplikation zweier Zahlen mit gleichem Vorzeichen
$(+5) \cdot (+4) = +20$
$(-5) \cdot (-4) = +20$

Division zweier Zahlen mit gleichem Vorzeichen
$(+18) : (+6) = +3$
$(-18) : (-6) = +3$

Multiplikation zweier Zahlen mit verschiedenen Vorzeichen
$(+5) \cdot (-4) = -20$
$(-5) \cdot (+4) = -20$

Division zweier Zahlen mit verschiedenen Vorzeichen
$(+18) : (-6) = -3$
$(-18) : (+6) = -3$

c) $(-15) \cdot (+7) =$ ______
$(+11) \cdot (-12) =$ ______
$(-120) : (+5) =$ ______

d) $(-25) \cdot (-6) =$ ______
$(-84) : (+3) =$ ______
$(-13) \cdot (-4) =$ ______

e) $(+108) : (-9) =$ ______
$(+16) \cdot (-11) =$ ______
$(-144) : (-8) =$ ______

4 Berechne.

a) $13 \cdot (-7) =$ ______
$-48 : (-4) =$ ______
$-12 \cdot (-9) =$ ______

b) $18 \cdot (-9) =$ ______
$-200 : (-8) =$ ______
$-91 : (-13) =$ ______

c) $14 \cdot (-25) =$ ______
$-105 : 15 =$ ______
$-13 \cdot (-8) =$ ______

d) $-11 \cdot 15 =$ ______
$150 : (-6) =$ ______
$-41 \cdot (-3) =$ ______

5 Multipliziere. Bestimme zunächst das Vorzeichen des Produkts.

$-7 \cdot 3 \cdot (-5) = -21 \cdot (-5) = 105$

$-6 \cdot (-4) \cdot (-3) = 24 \cdot (-3) = -72$

a) $-11 \cdot 4 \cdot (-5) =$ ______
$3 \cdot (-5) \cdot (-12) =$ ______
$-9 \cdot (-8) \cdot (-10) =$ ______

b) $13 \cdot (-2) \cdot 5 =$ ______
$-18 \cdot 4 \cdot (-3) =$ ______
$-3 \cdot (-15) \cdot (-7) =$ ______

c) $-19 \cdot (-8) \cdot 8 =$ ______
$-2 \cdot 17 \cdot (-10) =$ ______
$-4 \cdot (-25) \cdot (-8) =$ ______

d) $-12 \cdot 3 \cdot 11 =$ ______
$-20 \cdot (-7) \cdot 4 =$ ______
$3 \cdot (-30) \cdot (-4) =$ ______

6 Ergänze jeweils die passende Zahl.

a) $-9 \cdot$ ☐ $= -99$
$-8 \cdot$ ☐ $= -72$
$-7 \cdot$ ☐ $= 98$

b) ☐ $\cdot (-12) = -96$
$-13 \cdot$ ☐ $= 78$
☐ $\cdot (-18) = 108$

c) $-9 \cdot (-8) \cdot$ ☐ $= 144$
$-8 \cdot$ ☐ $\cdot (-5) = -200$
☐ $\cdot (-10) \cdot (-8) = -480$

Rationale Zahlen multiplizieren und dividieren

7 Vervollständige die Multiplikationstürme.

+ · + = +
+ · − = −
− · + = −
− · − = +

a)

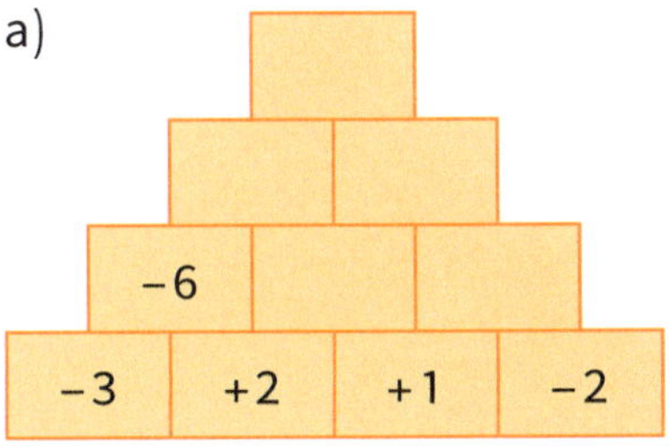

b)

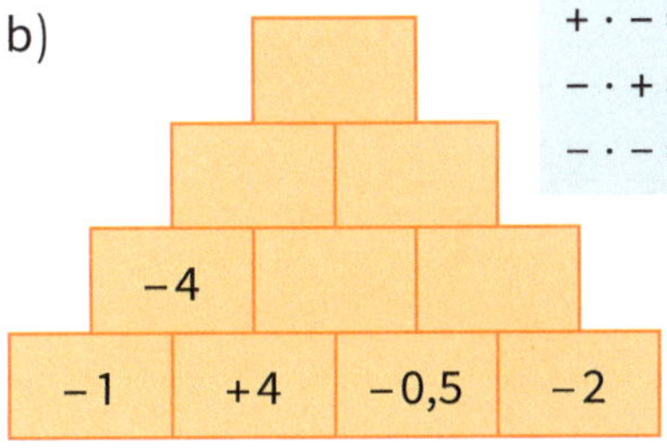

c)

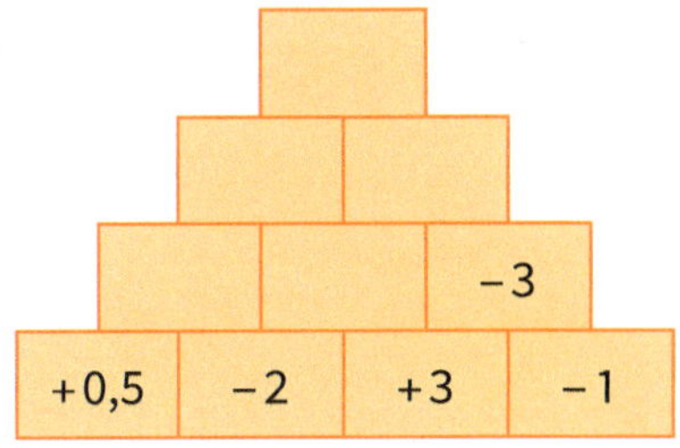

8 Berechne.

+ : + = +
+ : − = −
− : + = −
− : − = +

Ergebnis: ______

9 Berechne.

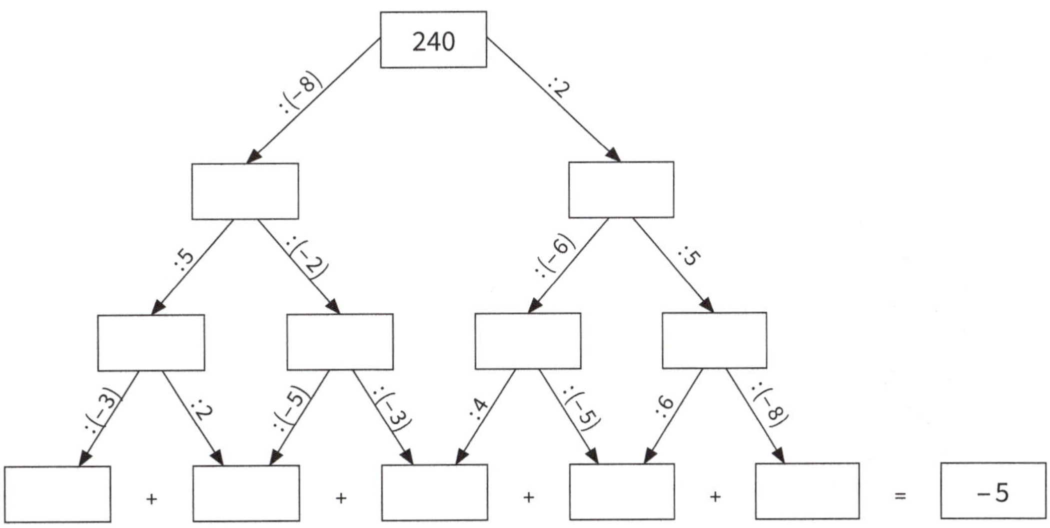

10 Berechne im Kopf.

40 : (−2) · 3
= −20 · 3
= −60

−14 : (−21 : 3)
= −14 : (−7)
= 2

a) −15 : 3 · (−2) = ______

(−45 : 3) · (−2) = ______

(−5 · 6) : (−3) = ______

−36 : (3 · 2) = ______

−5 · (−4) : 2 = ______

−3 · (−10 : 5) = ______

−8 : (−4) : 2 = ______

−6 · (−4) : 2 = ______

b) 25 : 5 · (−2) = ______

(−15 : 3) · (−3) = ______

(−2 · 6) : 3 = ______

−18 : (−3 · 2) = ______

4 · (−6) : 2 = ______

−30 : (10 : 5) = ______

18 : (−6) : 2 = ______

2 · (−12) : (−4) = ______

Verbindung der Grundrechenarten

1 Jeweils eine der beiden Rechnungen ist falsch. Kreuze die richtige Rechnung an. Gib dann die Regel an, die du beachten musst.

a) $2 - 5 \cdot 3 =$ $-3 \cdot 3 = -9$ ☐ | $2 - 5 \cdot 3 =$ $2 - 15 = -13$ ☐

b) $-1 + 8 \cdot 4 =$ $-1 + 32 = 31$ ☐ | $-1 + 8 \cdot 4 =$ $-7 \cdot 4 = -28$ ☐

c) $-5 - 2 \cdot 4 =$ $-5 - 8 = -13$ ☐ | $-5 - 2 \cdot 4 =$ $-7 \cdot 4 = -28$ ☐

d) $-10 + 8 : 2 =$ $-2 : 2 = -1$ ☐ | $-10 + 8 : 2 =$ $-10 + 4 = -6$ ☐

e) $-12 - 6 : 3 =$ $-12 - 2 = -14$ ☐ | $-12 - 6 : 3 =$ $-18 : 3 = -6$ ☐

f) $6 + 9 : (-3) =$ $15 : (-3) = -5$ ☐ | $6 + 9 : (-3) =$ $6 + (-3) = 3$ ☐

Regel: ____

2 Berechne wie im Beispiel.

$-13 + \underbrace{5 \cdot (-4)} =$
$-13 + (-20) =$
$-13 - 20 = -33$

a) $12 - \underbrace{18 : (-6)} =$
___ $-$ ___ $=$
___ ___ ___ $=$ ___

b) $20 - \underbrace{(-3) \cdot 5} =$
___ $-$ ___ $=$
___ ___ ___ $=$ ___

3 Berechne.

$-3 + 4 \cdot 5$
$= -3 + 20$
$= 17$

$4 + 15 : (-5)$
$= 4 - 3$
$= 1$

$20 - (-20) : 5$
$= 20 - (-4)$
$= 20 + 4$
$= 24$

a)
$-1 + 5 \cdot 4 =$ ______
$5 - 10 : 2 =$ ______
$4 \cdot 2 - 9 =$ ______
$-5 + 9 \cdot 2 =$ ______
$3 - 2 \cdot 4 =$ ______
$6 : 3 - 8 =$ ______
$-6 - 6 \cdot 2 =$ ______
$-5 + 18 : 6 =$ ______

b)
$5 + 4 \cdot (-2) =$ ______
$1 + 7 : (-7) =$ ______
$3 \cdot (-3) - 10 =$ ______
$-5 + 4 \cdot (-3) =$ ______
$3 - 4 \cdot (-2) =$ ______
$8 : (-2) + 6 =$ ______
$20 + (-5) \cdot 4 =$ ______
$10 - 20 : (-4) =$ ______

c)
$-1 + 5 \cdot (-2) =$ ______
$15 - 28 : (-7) =$ ______
$-20 \cdot 3 - 4 =$ ______
$-5 + 9 \cdot (-9) =$ ______
$23 - (-3) \cdot 4 =$ ______
$48 : 12 - (-8) =$ ______
$-40 + 4 \cdot (-2) =$ ______
$35 + 18 : (-6) =$ ______

d)
$10 + 4 \cdot (-3) =$ ______
$1 - 7 : (-7) =$ ______
$10 \cdot (-3) - 5 =$ ______
$-6 + 4 \cdot (-7) =$ ______
$13 - (-5) \cdot (-2) =$ ______
$8 : (-2) - (-8) =$ ______
$-50 + (-5) \cdot (-2) =$ ______
$5 - 24 : (-4) =$ ______

Domino mit rationalen Zahlen

Spielvorbereitung:
Mische die Karten. Jeder der beiden Mitspieler erhält sechs Karten, die er offen vor sich auf den Tisch legt.
Eine weitere zufällig ausgewählte Karte kommt in die Mitte als Startkarte. Die restlichen Karten verbleiben im Stapel, der verdeckt auf den Tisch gelegt wird.

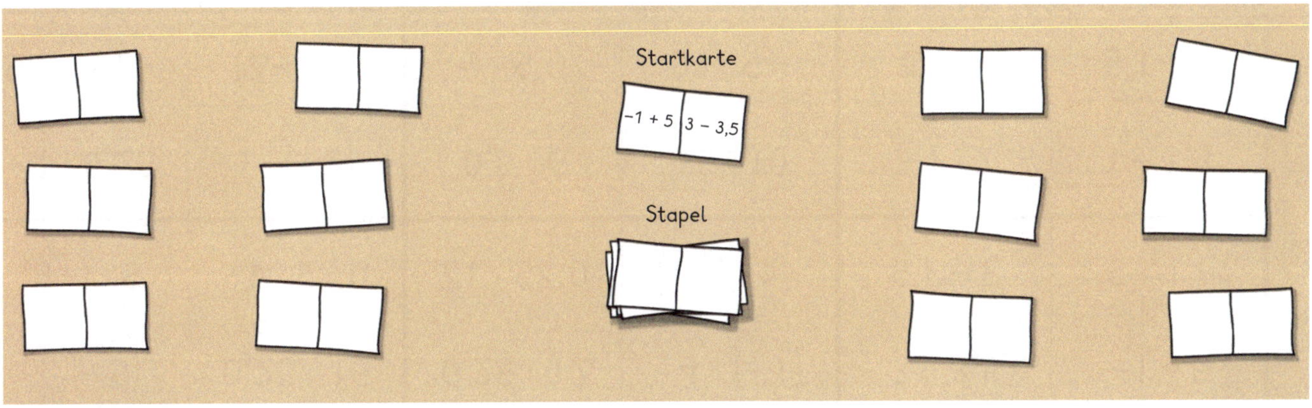

Spielverlauf:
Der erste Spieler muss nun eine Karte an die Startkarte anlegen. Dabei muss das Ergebnis beider Rechnungen an der „Anlegeseite“ übereinstimmen. Er kann auch mehrere passende Karten anlegen. Findet er überhaupt keine Karte mit einem passenden Ergebnis, muss er eine weitere Karte vom Stapel nehmen und der andere Spieler ist dran.

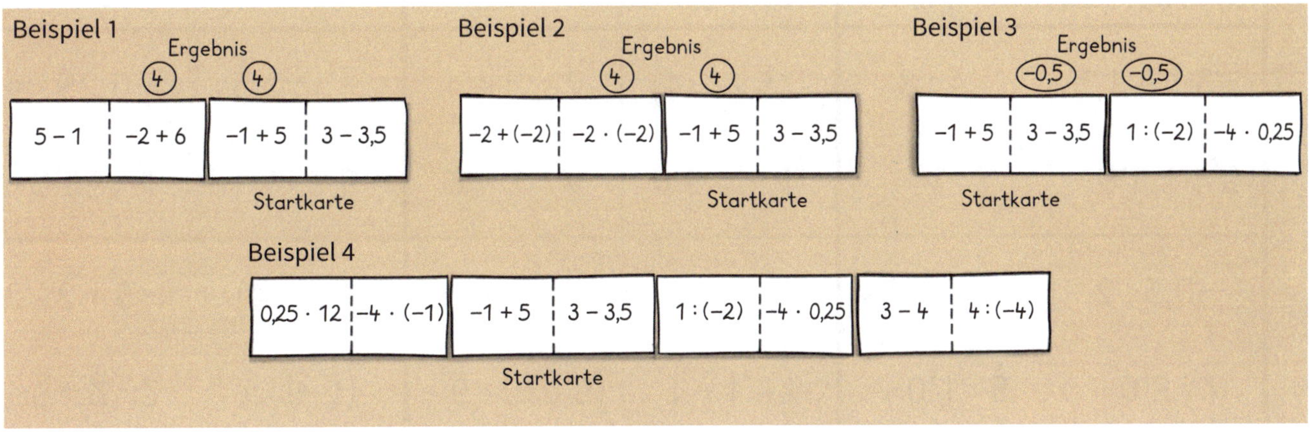

Hier siehst du verschiedene Beispiele, wie angelegt werden kann.

Spielende:
Gewonnen hat der Spieler, der zuerst keine Karten mehr hat. Können keine Karten mehr angelegt werden, gewinnt der Spieler mit den wenigsten Restkarten.

Domino mit rationalen Zahlen

−2	4	3	−2	−0,5	−0,25
−1,5 − 2,5	−8 · 0,5	−4 · 0,5	−4 · 1	3 − 4	4 : (−4)
−8 : 4	−10 : 5	2 · 1,5	−12 : (−4)	8 − 5	2 · (−0,5)
1 − 1,5	−1 : 2	−5 : 10	0,5 · 6	1 : (−2)	−4 · 0,25
−1 + 5	3 − 3,5	−4 · (−1)	0,25 · 12	0,25 · 16	5 : (−5)
−5 − (−1)	−2,5 + 2	4 · (−1)	−3 + 6	12 − 16	2 − 5 + 2
−3,5 + 1,5	−4 : 8	0,5 · (−4)	2 − 3 + 4	−5 : 2,5	−0,25 · 4
−0,5 : 2	−0,1 · 5	1 − 1,25	−6 · (−0,5)	1 : (−4)	−5 + 2 · 2
5 − 1	−2 + 6	−2 + (−2)	−2 · (−2)	0,75 − 1	24 : 6

Rationale Zahlen im Koordinatensystem

1 Gib die Koordinaten der Punkte E, F, G, H und I an.

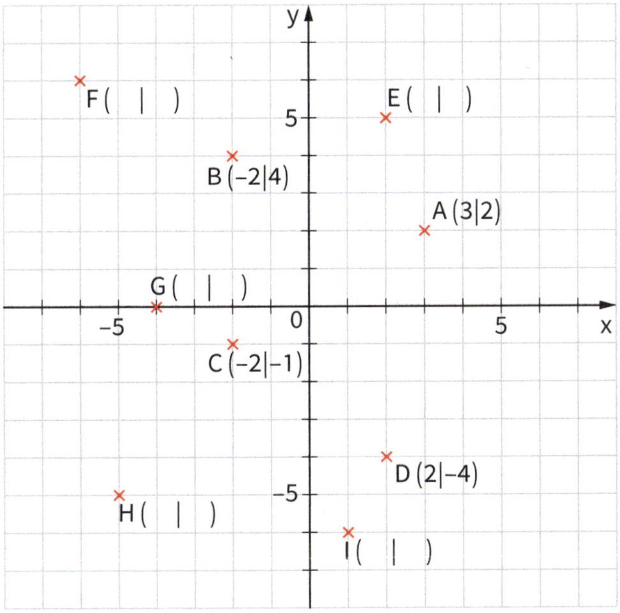

2 Zeichne die Figur ABCD mit A(3|−4), B(4|3), C(−3|4) und D(−4|−3) in das Koordinatensystem. Welche Figur erhältst du?

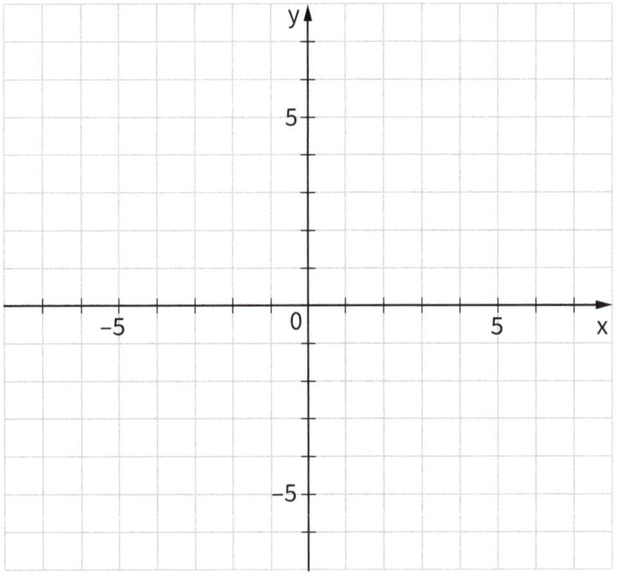

3 a) Zeichne das Viereck ABCD mit A(−4|−3), B(3|−3), C(4|1) und D(−3|1) in das Koordinatensystem.

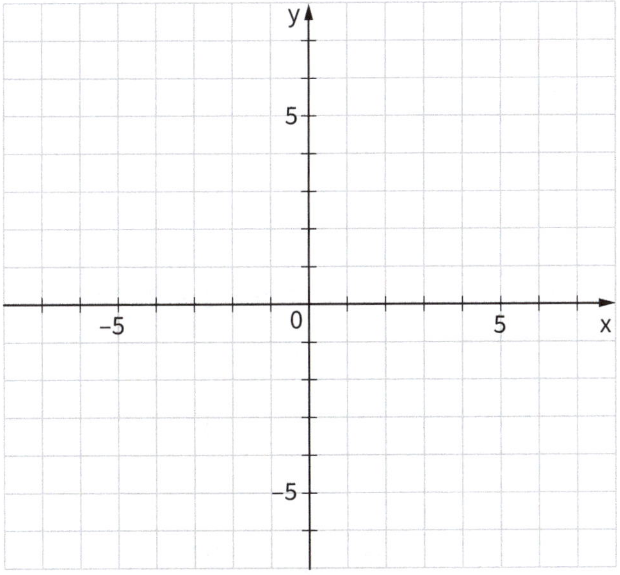

b) Welches Viereck erhältst du?

____

c) Zeichne die beiden Diagonalen ein und bestimme die Koordinaten des Schnittpunkts S.

S(____|____)

4 Bei einem Rechteck ABCD sind nur die Koordinaten der Punkte A, B, und C angegeben.

a) Zeichne die Punkte A(−6|0), B(2|−4), C(4|0) in das Koordinatensystem.

b) Zeichne Punkt D ein und gib seine Koordinaten an. D(____|____)

c) Verbinde die Punkte zu einem Rechteck.

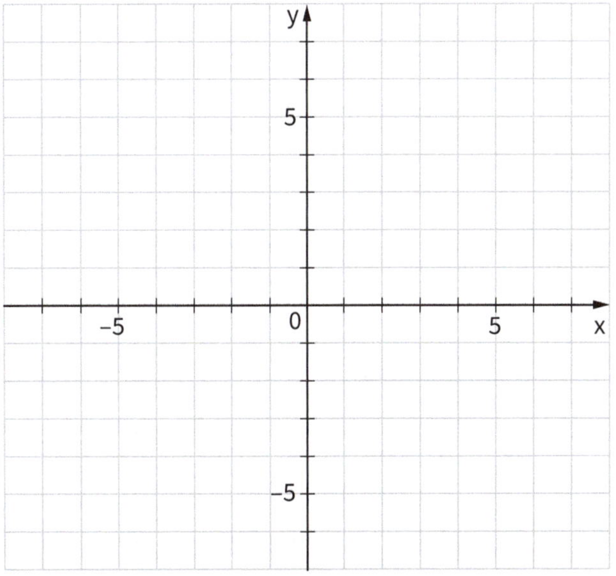

d) Zeichne die Diagonalen des Rechtecks ein und bestimme die Koordinaten des Schnittpunkts S.

S(____|____)

Rationale Zahlen im Koordinatensystem

5 Spiegele die Figur an der y-Achse und notiere die Koordinaten der Bildpunkte. Welches Bauwerk erkennst du?

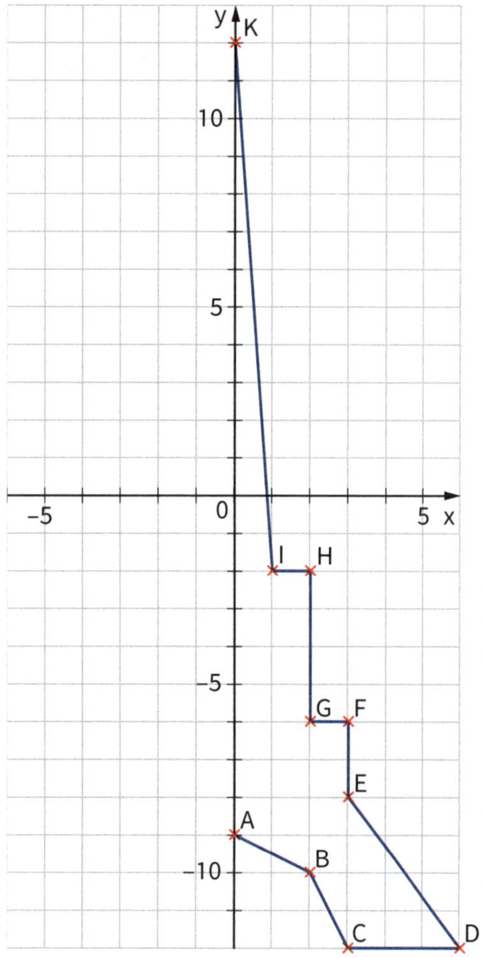

A' (|)
B' (|)
C' (|)
D' (|)
E' (|)
F' (|)
G' (|)
H' (|)
I' (|)
K' (|)

Bauwerk: ______________________

6 Trage die Punkte in das Koordinatensystem ein und verbinde sie in alphabetischer Reihenfolge. Verbinde Punkt V mit Punkt A. Was für ein Bauwerk wird abgebildet?

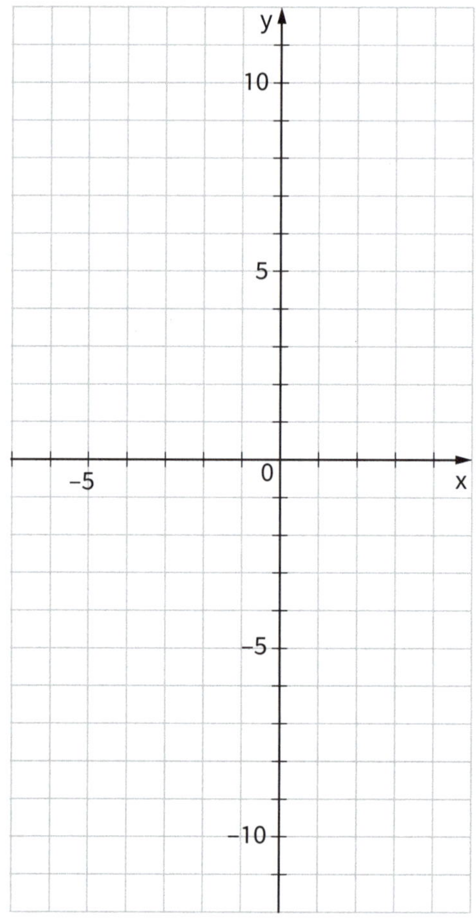

A (–7|–12)
B (2|–12)
C (2|–10)
D (1|–10)
E (1|–8)
F (0|–8)
G (0|2)
H (–1|2)
I (–1|6)
K (–2|8)
L (–2|11)
M (–2,5|12)
N (–3|11)
O (–3|8)
P (–4|6)
Q (–4|2)
R (–5|2)
S (–5|–8)
T (–6|–8)
U (–6|–10)
V (–7|–10)

Bauwerk: ______________________

7 Spiegele das Viereck ABCD an der Geraden g.

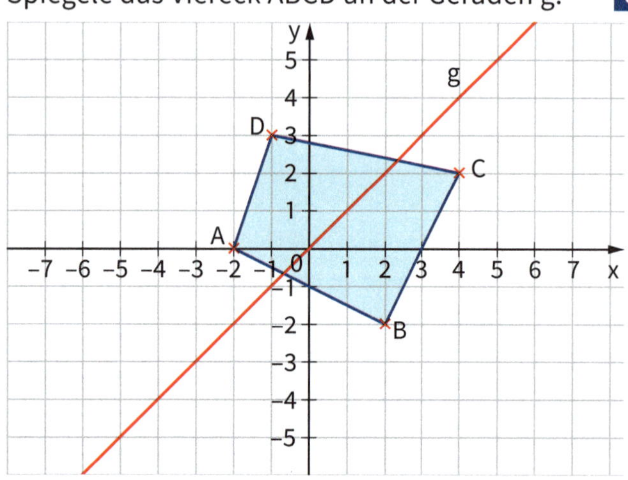

Schreibe jeweils die Koordinaten des Original- und des Bildpunktes auf.

A(|) A′(|) C(|) C′(|)

B(|) B′(|) D(|) D′(|)

8 a) Gib jeweils an, in welchem Quadranten des Koordinatensystems der Punkt liegt.

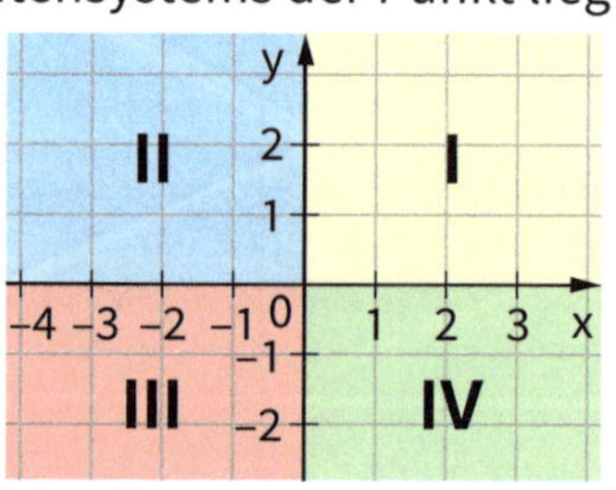

A(–4 | 3)		B(4 | 3)	
C(–9 | –2)		D(5 | –9)	
E(–1 | 8)		F(13 | –3)	
G(–3 | 2)		H(–5 | –3)	

b) Vergleiche die x-Koordinaten der Punkte, die im zweiten und dritten Quadranten liegen. Was fällt dir auf?

____

AUSGANGSTEST 5 – Rationale Zahlen

1 Welche Temperatur zeigt das Thermometer an?

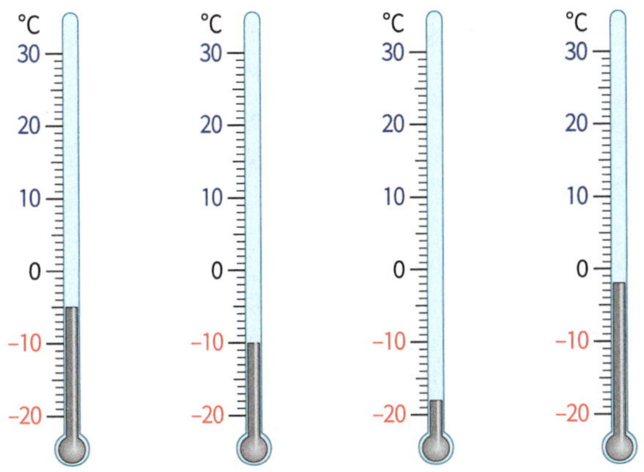

________ ________ ________ ________

2 Auf welche rationalen Zahlen zeigen die Pfeile?

a)

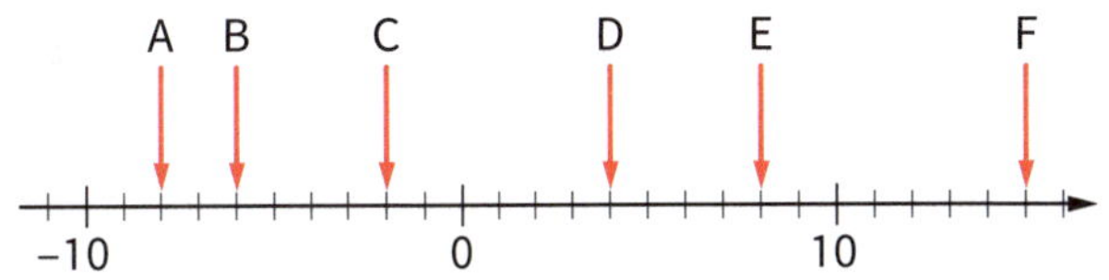

A: ____ B: ____ C: ____ D: ____ E: ____ F: ____

b)

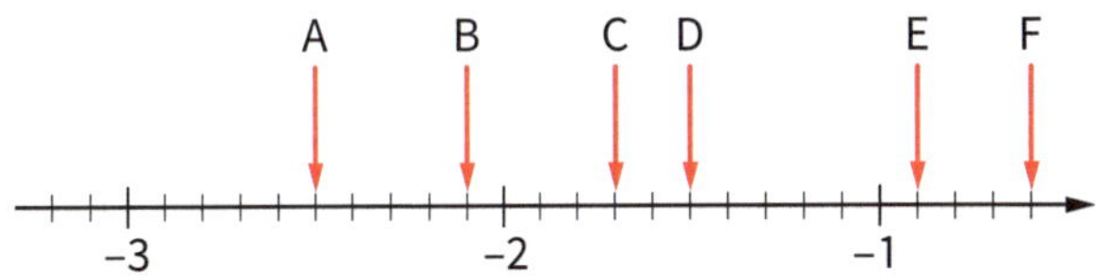

A: ____ B: ____ C: ____ D: ____ E: ____ F: ____

3 Vergleiche die rationalen Zahlen. Setze < oder > ein.

a) +8 ___ +9
– 4 ___ – 5
– 45 ___ – 44
0 ___ – 2

b) – 1,1 ___ – 1,2
– 0,4 ___ – 0,3
+ 0,1 ___ – 0,1
– 2,2 ___ – 0,22

4 Nenne drei rationale Zahlen, die an der Zahlengeraden zwischen den genannten Zahlen liegen.

a) 0,5 < ________ < ________ < ________ < 0,9

b) – 0,4 < ________ < ________ < ________ < 0

c) $-\frac{1}{2}$ < ________ < ________ < ________ < 1

5 Berechne.

a) (– 5) + (– 3) = ________
(– 4) – (– 6) = ________
(+ 8) – (– 19) = ________

b) – 5 + 24 = ________
– 64 – 6 = ________
– 18 + 9 = ________

6 Berechne.

a) – 3 · 5 = ________
– 8 · (– 7) = ________
7 · (– 12) = ________

b) 30 : (– 5) = ________
– 80 : (– 16) = ________
– 56 : 14 = ________

7 Berechne. Beachte die Regel „Punkt vor Strich".

36 : 12 – 5 = ________
– 30 + 4 · (– 2) = ________
5 + 12 : (– 6) = ________

8 Ergänze jeweils die passende Zahl.

a) ___ – 10 = – 14
15 + ___ = 8
___ – 2 = – 11
– 8 – ___ = – 12

b) 20 : ___ = – 2
___ · (– 2) = 16
– 60 : ___ = – 15
– 14 · ___ = 7

Dreiecke und Winkel

Seiten und Winkel eines Dreiecks, Dreiecksarten

6

1 Ergänze die fehlenden Bezeichnungen für Seiten, Winkel und Eckpunkte.

a) 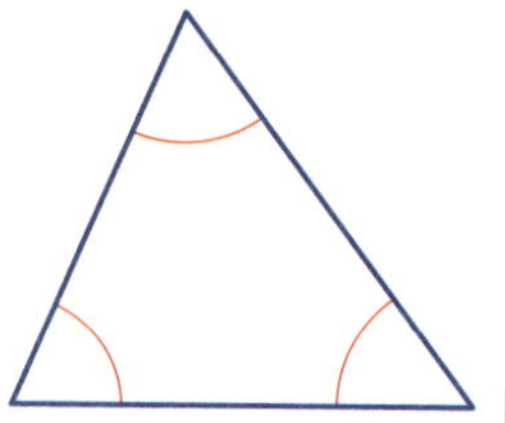

b) 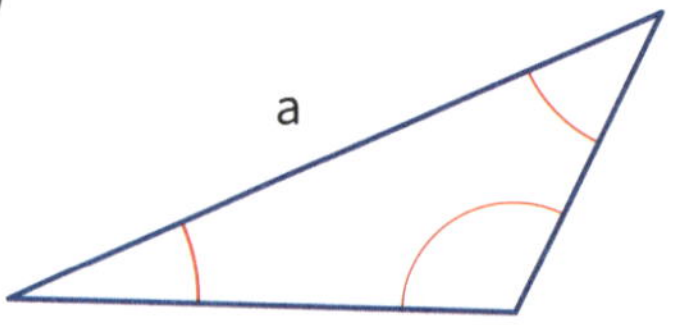

c) 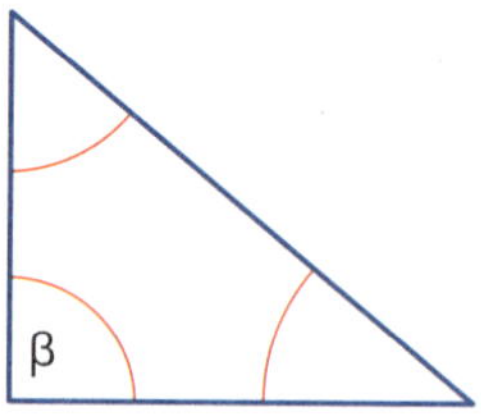

2 Trage die Nummern der Dreiecke in die passenden Tabellenspalten ein.

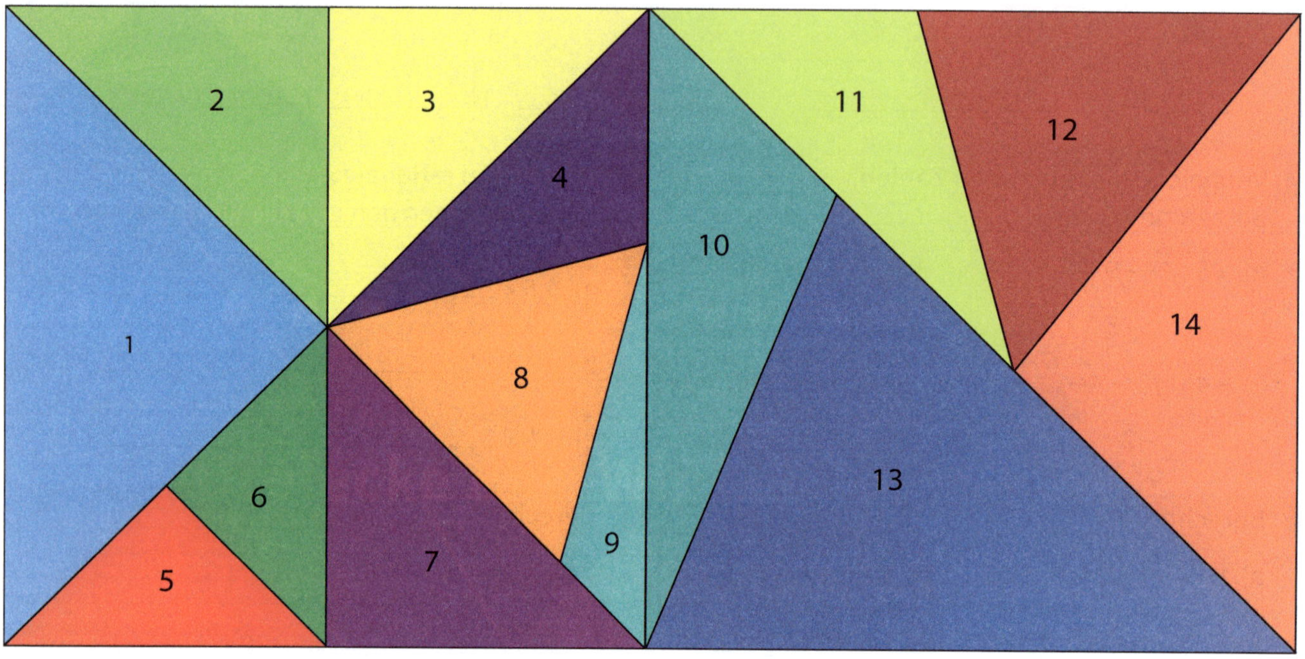

gleichseitig	gleichschenklig	unregelmäßig	spitzwinklig	rechtwinklig	stumpfwinklig

3 Ergänze den Lückentext mithilfe der Begriffe auf dem Zettel.

stumpfwinkliges, spitzwinklig, rechtwinkliges, gleichseitigen, gleichschenklig, unregelmäßiges, Seitenlängen, Winkelgrößen

Dreiecke kann man auf zwei unterschiedliche Arten einteilen. Eine Möglichkeit ist eine Einteilung nach

______________________________.

Die andere Einteilung erfolgt nach ______________________. Sind alle Seiten des Dreiecks gleich lang, spricht man von einem ______________________ Dreieck. Sind nur zwei Seiten gleich lang, wird das Dreieck ______________________ genannt. Haben alle Seiten unterschiedliche Längen, so ist es ein ______________________ Dreieck. Hat ein Dreieck drei spitze Winkel, wird es als ______________________ bezeichnet. Hat es einen rechten Winkel, wird es als ______________________ Dreieck bezeichnet. Hat das Dreieck einen stumpfen Winkel, nennt man es ______________________ Dreieck.

Seiten und Winkel eines Dreiecks, Dreiecksarten

4 Miss die einzelnen Seitenlängen und Winkelgrößen. Ergänze die Tabelle.

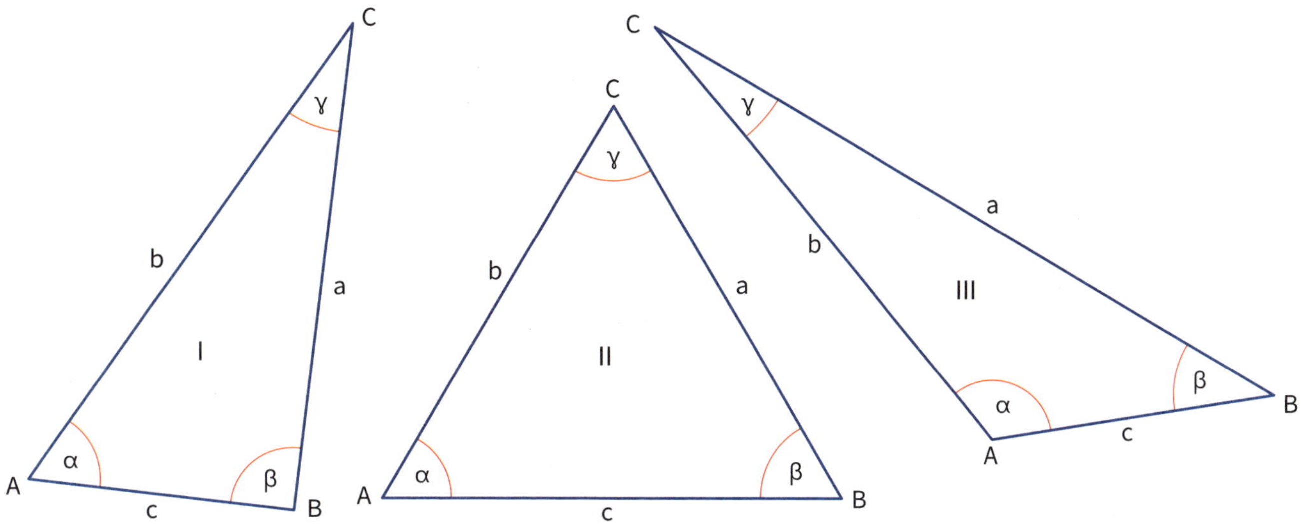

	Seitenlängen (in cm)			Winkelgrößen			Dreiecksart
	a	b	c	α	β	γ	
I							
II							
III							

5 Zeichne das Dreieck ABC mit den angegebenen Eckpunkten in das Koordinatensystem. Miss die einzelnen Seitenlängen und die Winkelgrößen. Gib auch die Dreiecksart an. Ergänze die Tabelle.

	Eckpunkte	Seitenlängen (in cm)			Winkelgrößen			Dreiecksart
		a	b	c	α	β	γ	
a)	A(2|2), B(7|0), C(8|5)							
b)	A(−4|2), B(0|−2), C(−1|5)							

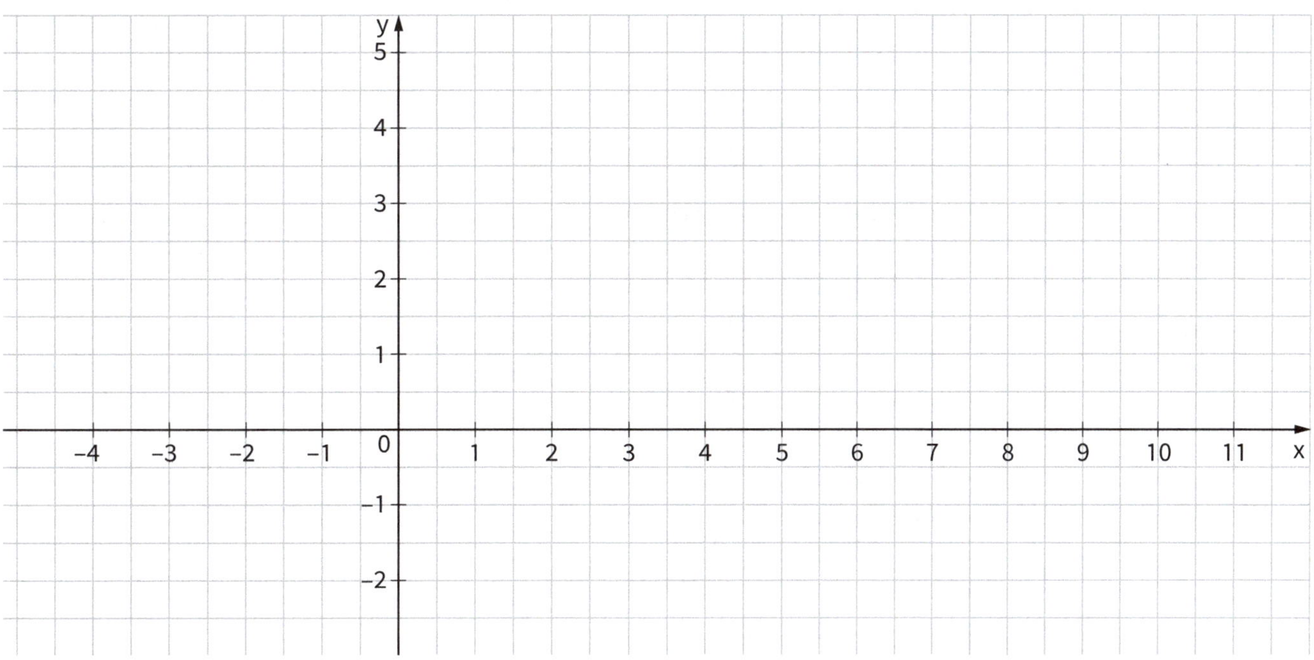

Innenwinkel im Dreieck

1 Miss die Größe der einzelnen Innenwinkel. Überprüfe deine Messergebnisse durch eine Rechnung.

a)

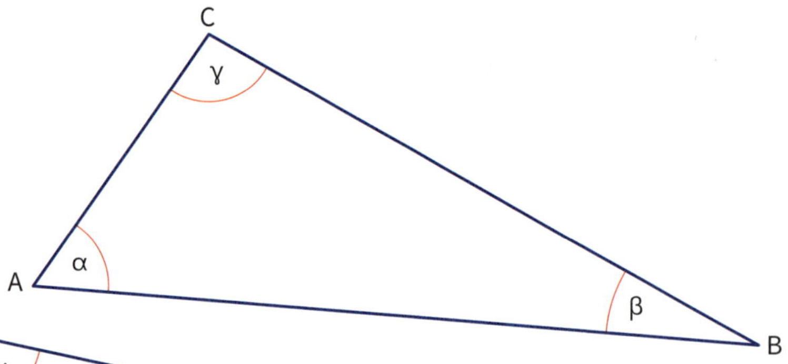

α = ______

β = ______

γ = ______

Winkelsumme: ______

b)

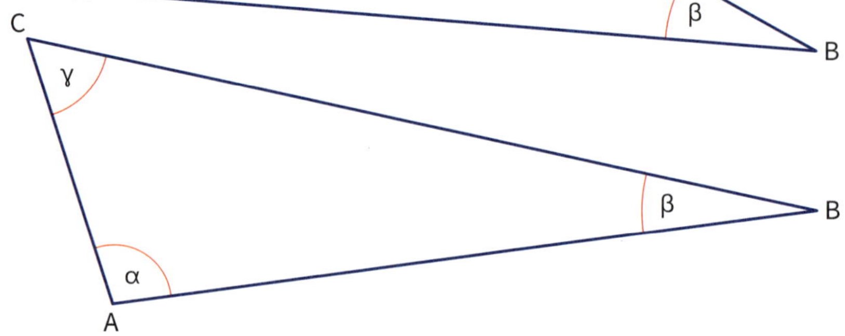

α = ______

β = ______

γ = ______

Winkelsumme: ______

2 Berechne die fehlende Winkelgröße und notiere sie im Dreieck.

a)

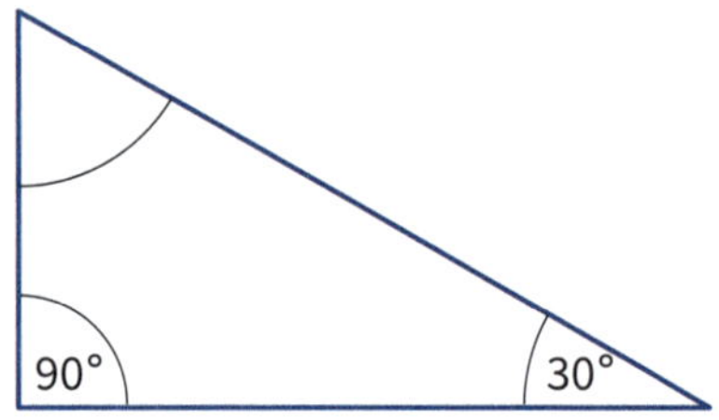

b)

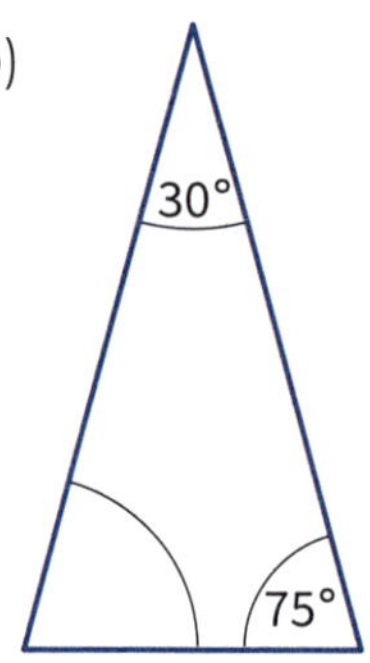

c)

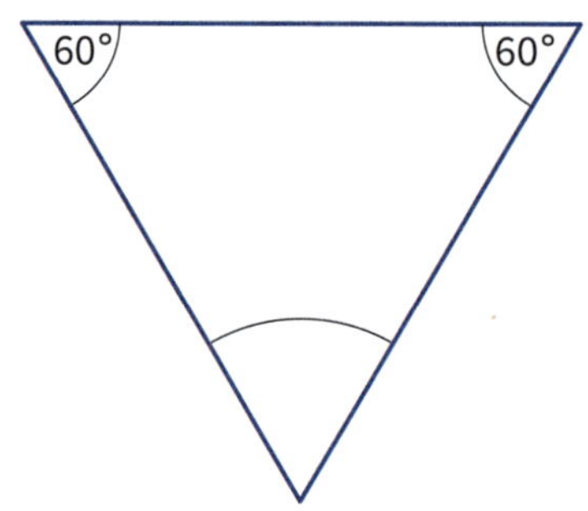

d)

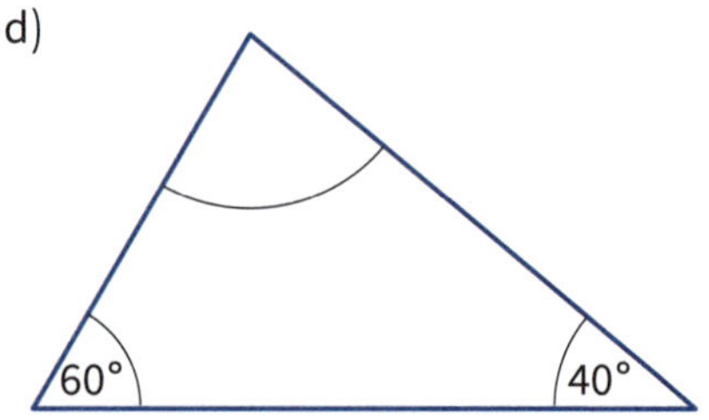

e)

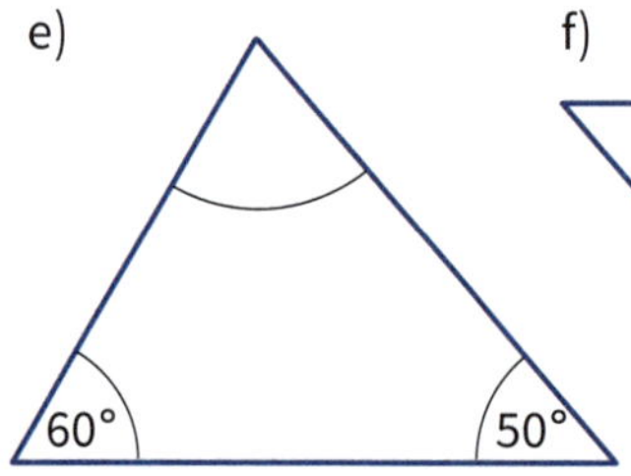

f)

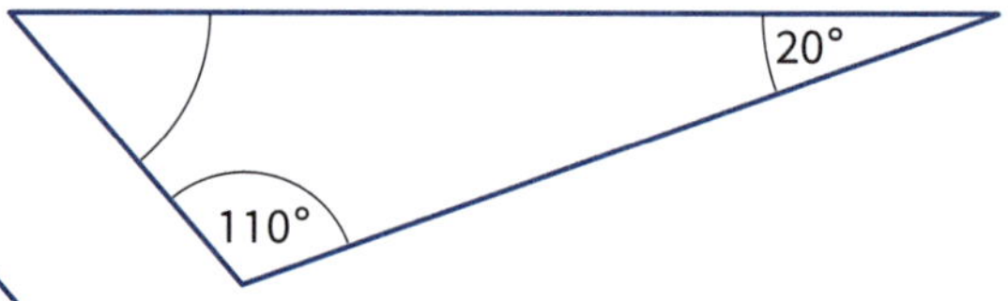

3 Berechne jeweils die Größe der bezeichneten Winkel.

a)

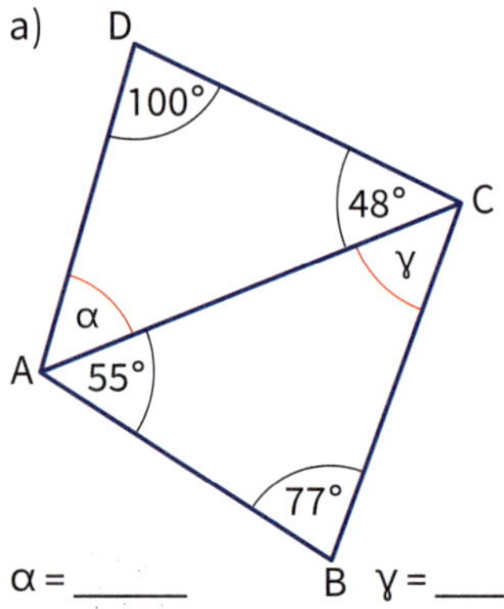

α = ______ γ = ______

b)

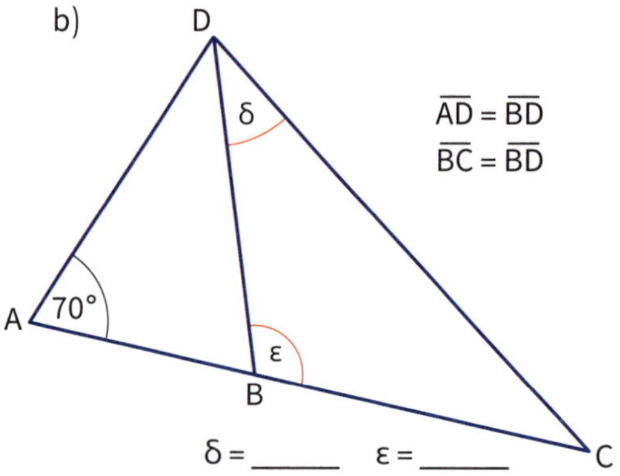

$\overline{AD} = \overline{BD}$

$\overline{BC} = \overline{BD}$

δ = ______ ε = ______

Winkel berechnen

1 a) Kennzeichne in beiden Zeichnungen gleich große Winkel durch Winkelbögen in derselben Farbe.

I

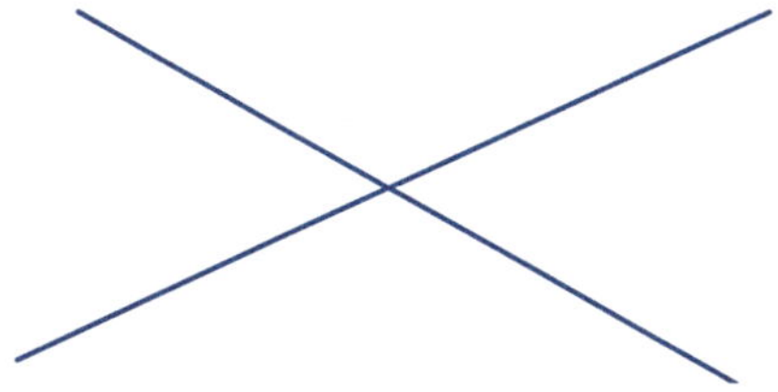

II

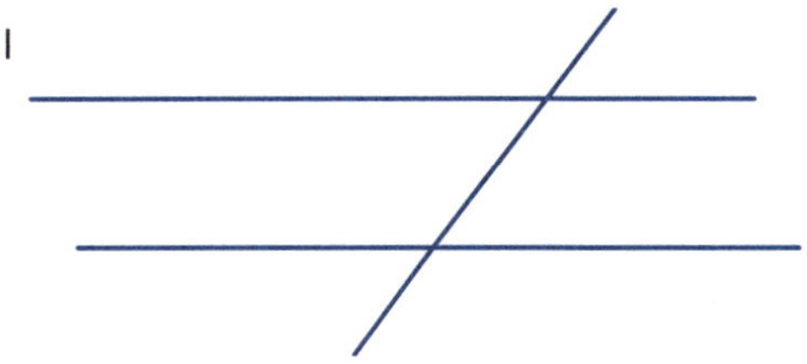

b) Ergänze den Lückentext mithilfe der Begriffe auf dem Zettel.

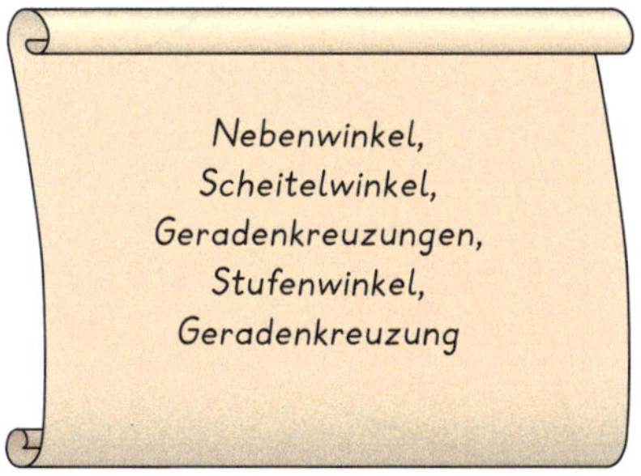

Wenn zwei Geraden sich schneiden (Abbildung I), entsteht eine __________________________. Nebeneinander liegende Winkel werden __________________________ genannt, sie haben zusammen eine Größe von 180°. Die sich gegenüberliegenden Winkel werden als __________________________ bezeichnet. Sie sind beide gleich groß.

Werden zwei parallele Geraden von einer dritten Geraden geschnitten (Abbildung II), entstehen zwei ____.

Winkel, die sich in beiden Geradenkreuzungen in der gleichen Lage befinden, werden als ____ bezeichnet.

2 Bestimme jeweils die Größe der bezeichneten Winkel.

a)

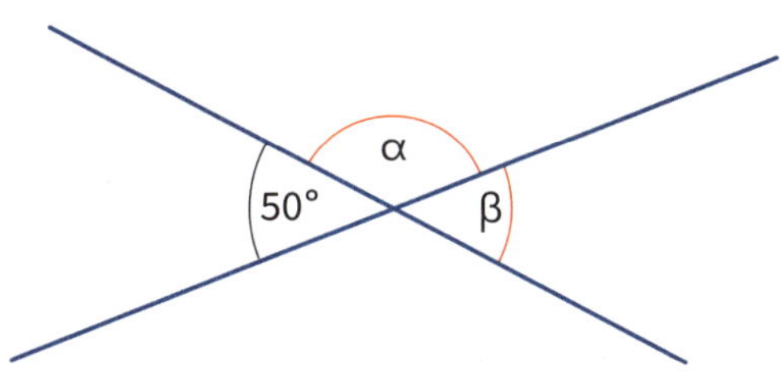

α = ________ β = ________

b)

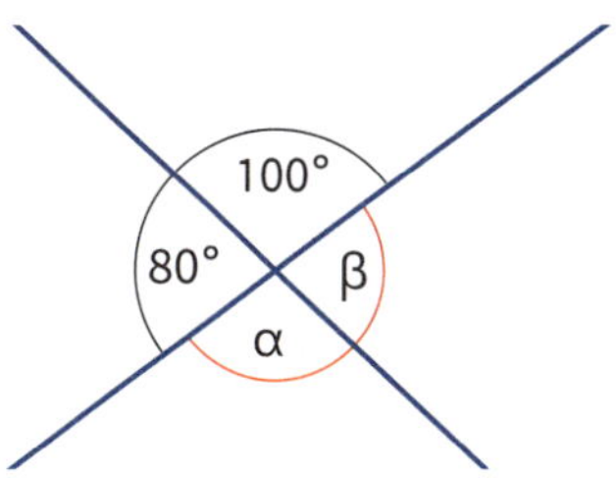

α = ________ β = ________

c)

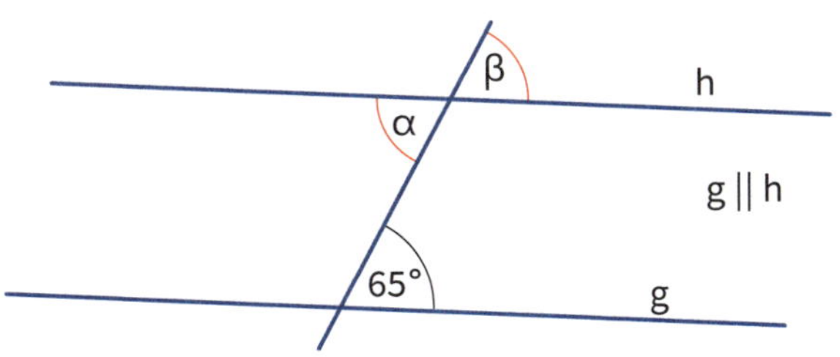

α = ________ β = ________

d)

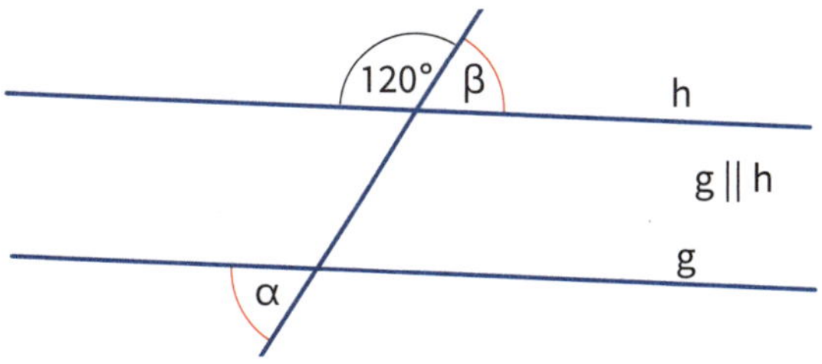

α = ________ β = ________

3 Berechne jeweils die Größe der bezeichneten Winkel.

a)

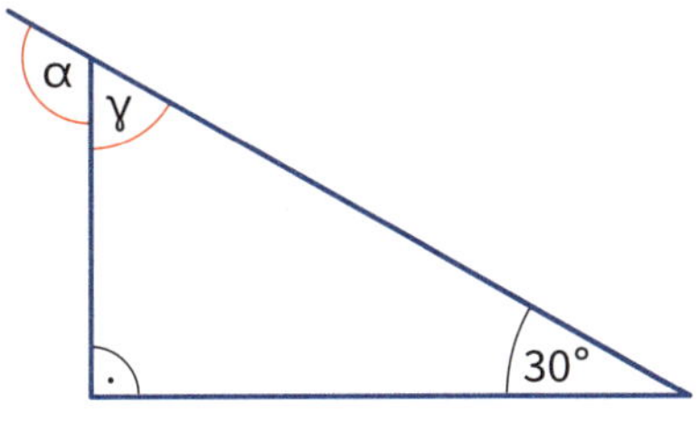

α = ________ γ = ________

b)

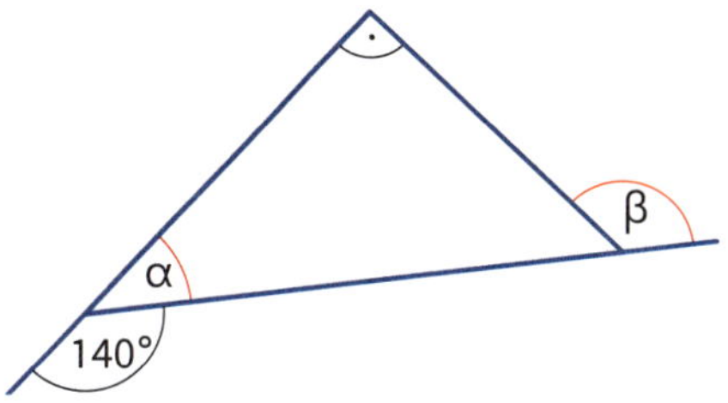

α = ________ β = ________

Besondere Linien im Dreieck: Höhe

1 Zeichne in jedem Dreieck alle Höhen ein und benenne ihren Schnittpunkt jeweils mit H.

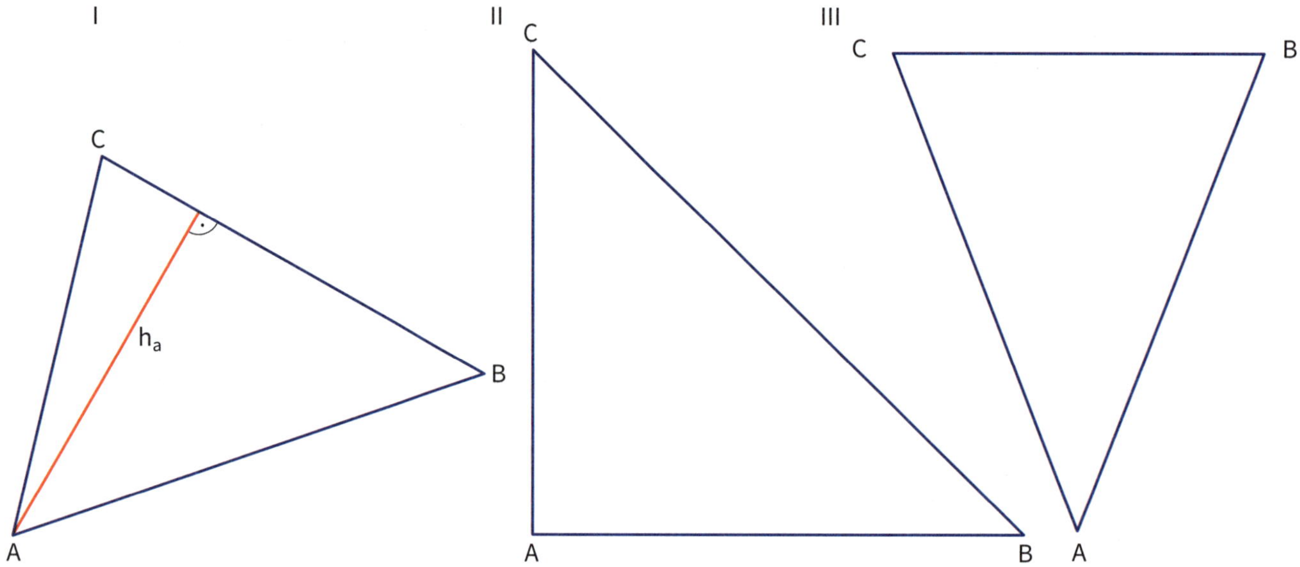

2 Zeichne die Dreiecke I und II mit den vorgegebenen Eckpunkten in das Koordinatensystem. Zeichne jeweils die Höhen ein. Gib die Koordinaten der Höhenschnittpunkte an. Dazu musst du in Dreieck II die Seiten a und c verlängern.

I: A (−3 | −2), B (0 | 7), C (−8 | 3), H (|)   II: A (−2 | −3), B (3 | 2), C (1 | 6), H (|)

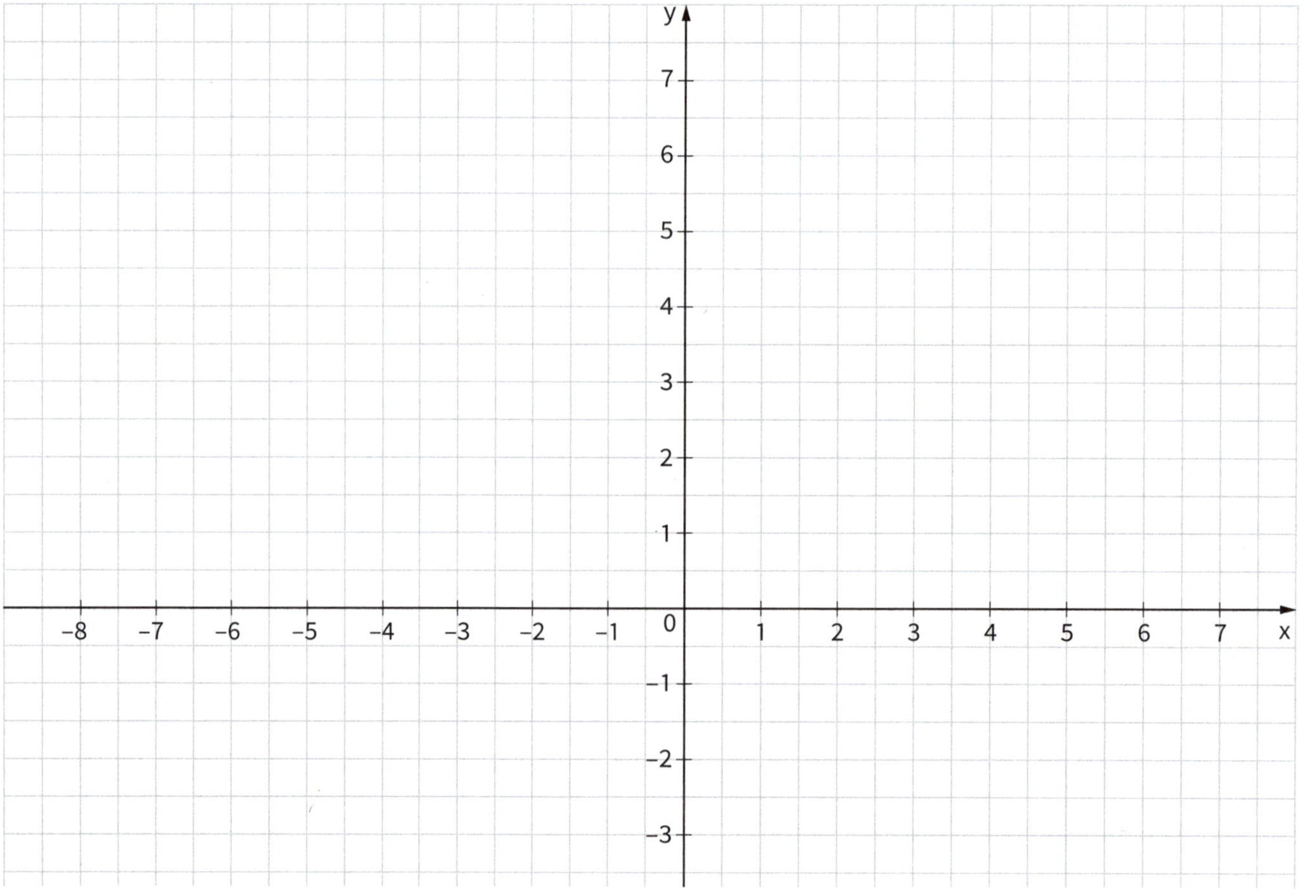

Besondere Linien im Dreieck: Mittelsenkrechte

1 In dem abgebildeten Dreieck ABC ist bereits die Mittelsenkrechte einer Seite eingezeichnet.
a) Zeichne den Umkreis des Dreiecks ein.
b) Beschreibe dein Vorgehen.

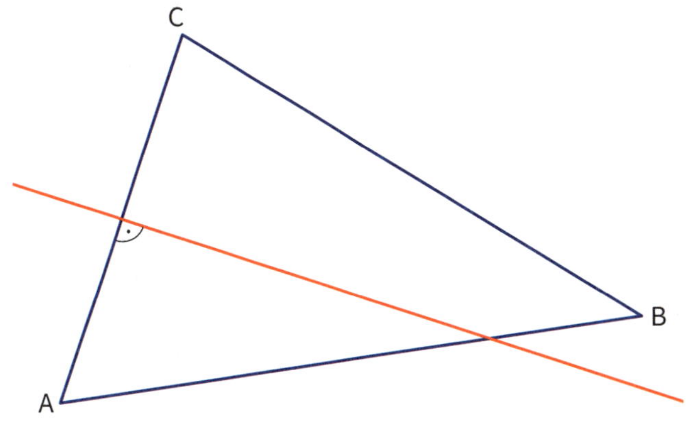

2 Konstruiere mithilfe des Zirkels zunächst die Mittelsenkrechte jeder Dreiecksseite. Zeichne anschließend den Umkreis jedes Dreiecks. Beschreibe die Lage der Mittelpunkte.

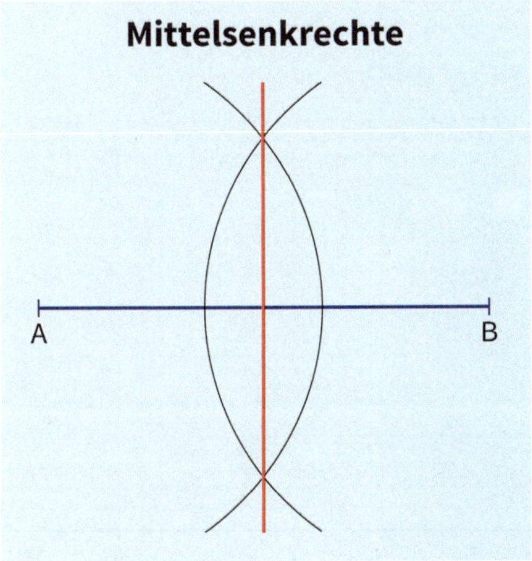

I

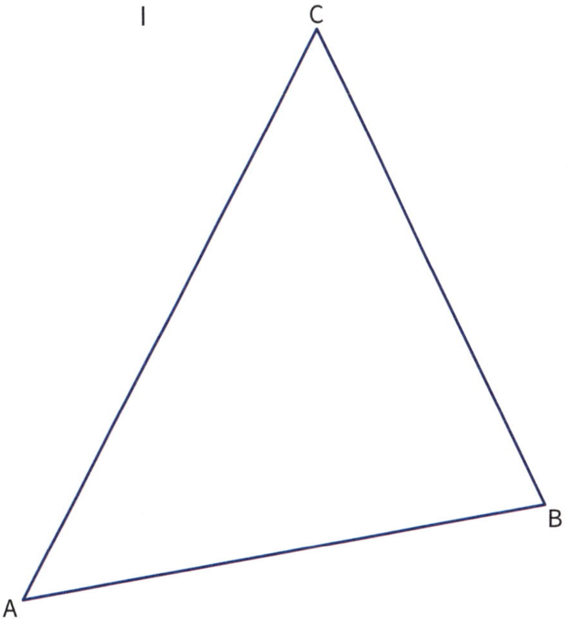

II

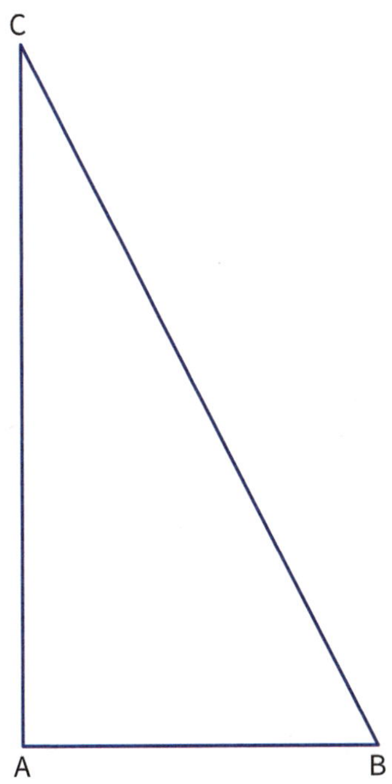

III

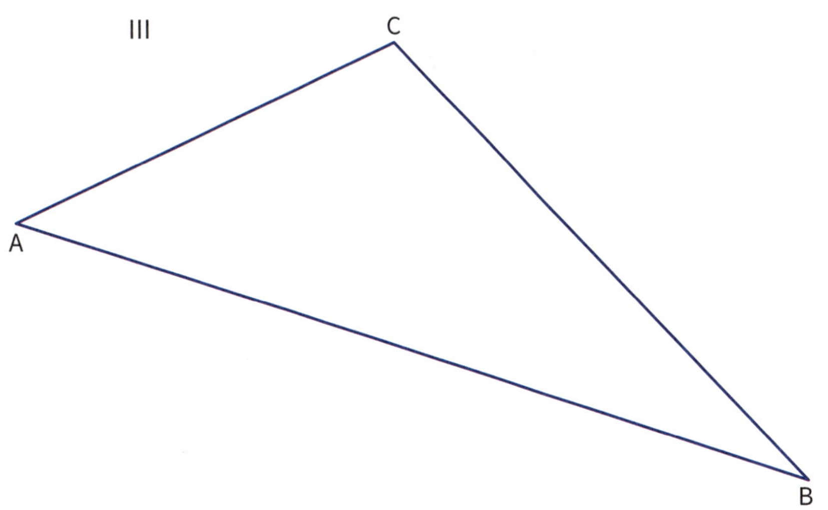

Besondere Linien im Dreieck: Mittelsenkrechte

3 Zeichne die Dreiecke I und II mit den angegebenen Punkten in das Koordinatensystem. Konstruiere den Umkreis jedes Dreiecks, bestimme die Koordinaten des Mittelpunktes und den Radius des Umkreises.

	Eckpunkte	Umkreismittelpunkt	Radius des Umkreises
Dreieck I	A(−6|4), B(2|0), C(0|6)		
Dreieck II	A(2|2), B(10|8), C(2|8)		

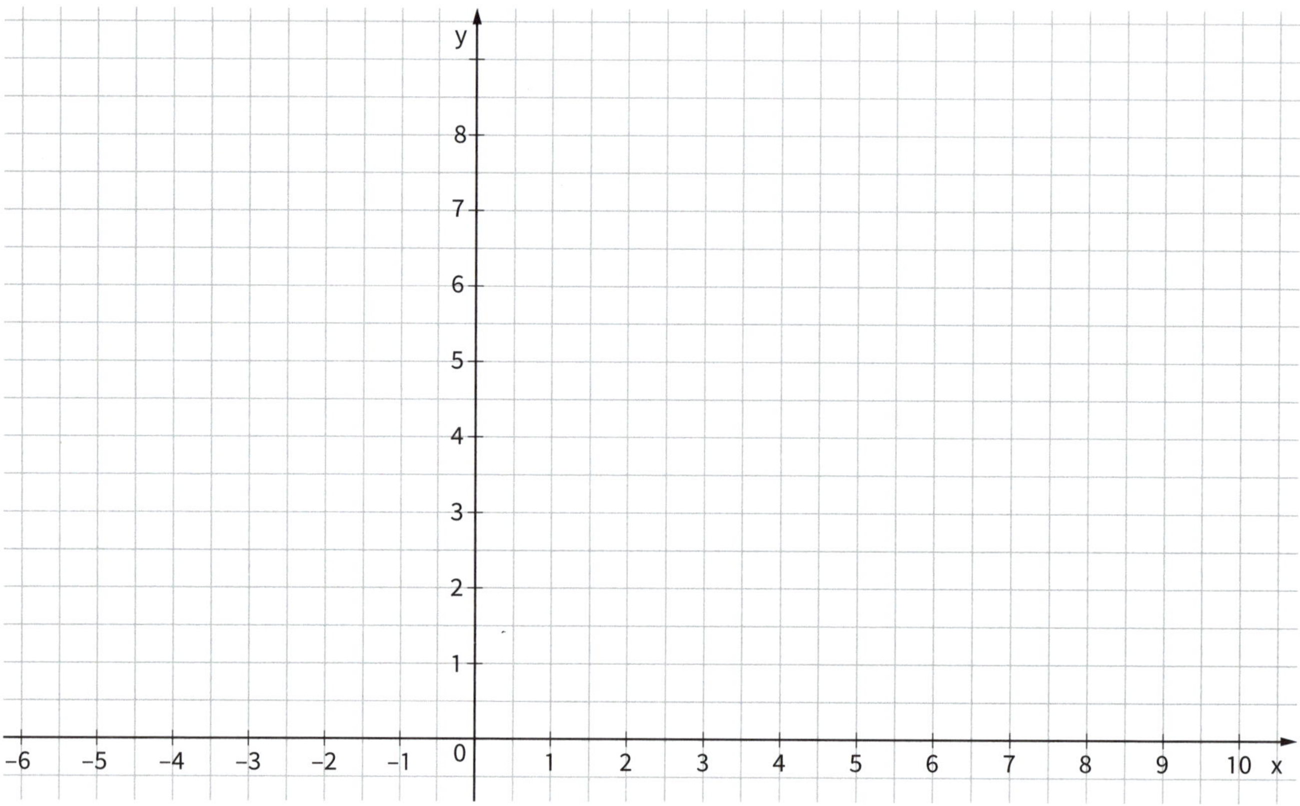

4 Auf einem Freizeitgelände soll ein Springbrunnen angelegt werden, der von den auf der Karte abgebildeten Punkten A, B und C jeweils die gleiche Entfernung haben soll.

a) Bestimme durch eine Konstruktion den Mittelpunkt des zukünftigen Springbrunnens.

b) Wie viel Meter ist der Mittelpunkt des zukünftigen Springbrunnens jeweils von den Punkten A, B und C entfernt?

Entfernung: ________ m

Besondere Linien im Dreieck: Winkelhalbierende

1 a) Halbiere die einzelnen Innenwinkel des abgebildeten Dreiecks und zeichne alle Winkelhalbierenden ein.
b) Bezeichne den Schnittpunkt der Winkelhalbierenden mit M und zeichne einen Radius des Inkreises ein. Notiere auch seine Länge.

Radius: ______________

c) Zeichne den Inkreis des Dreiecks.

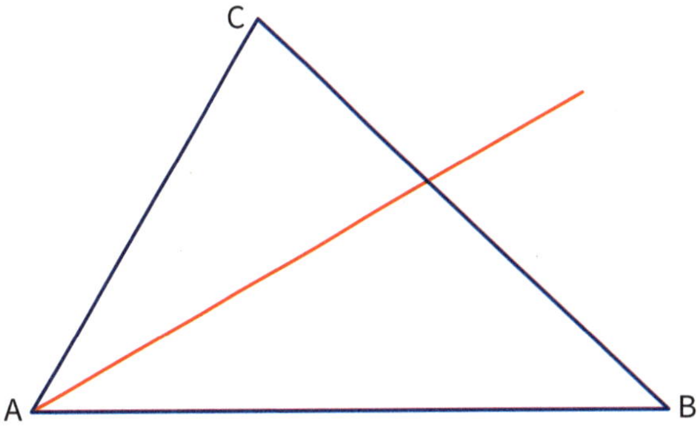

2 Konstruiere mithilfe des Zirkels zu jedem Innenwinkel der Dreiecke die Winkelhalbierende. Überprüfe deine Konstruktion mithilfe des Geodreiecks. Zeichne anschließend den Inkreis jedes Dreiecks.

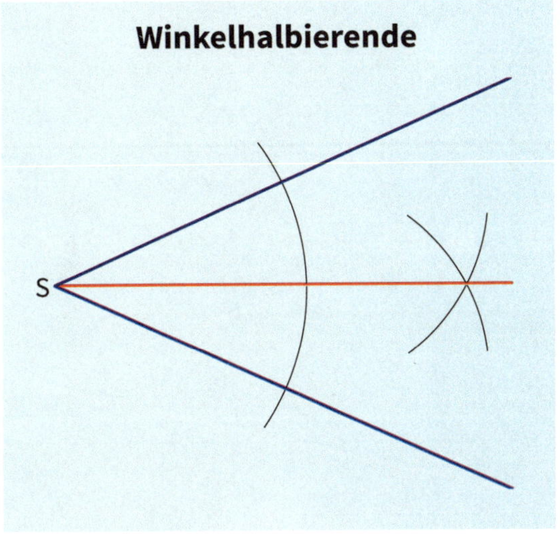

I

Radius: __________

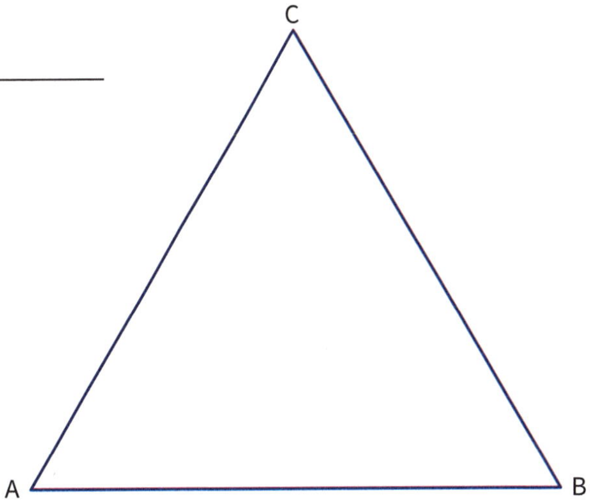

II

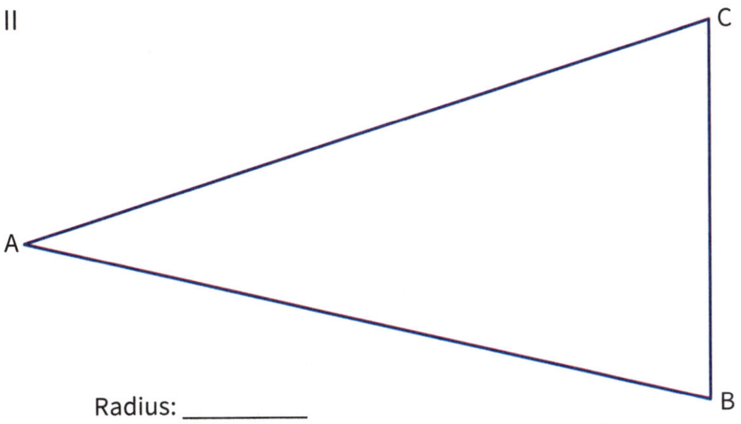

Radius: __________

III

Radius: __________

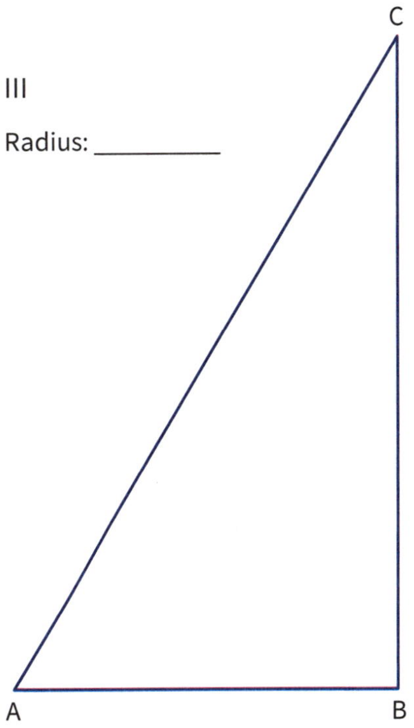

Besondere Linien im Dreieck: Winkelhalbierende

3 Zeichne die Dreiecke I und II mit den angegebenen Punkten in das Koordinatensystem. Konstruiere den Inkreis jedes Dreiecks, bestimme die Koordinaten des Mittelpunktes und den Radius des Inkreises.

	Eckpunkte	Inkreismittelpunkt	Radius des Inkreises
Dreieck I	A(−5|−5), B(1|−5), C(−5|3)		
Dreieck II	A(8|−5), B(8|4), C(−4|4)		

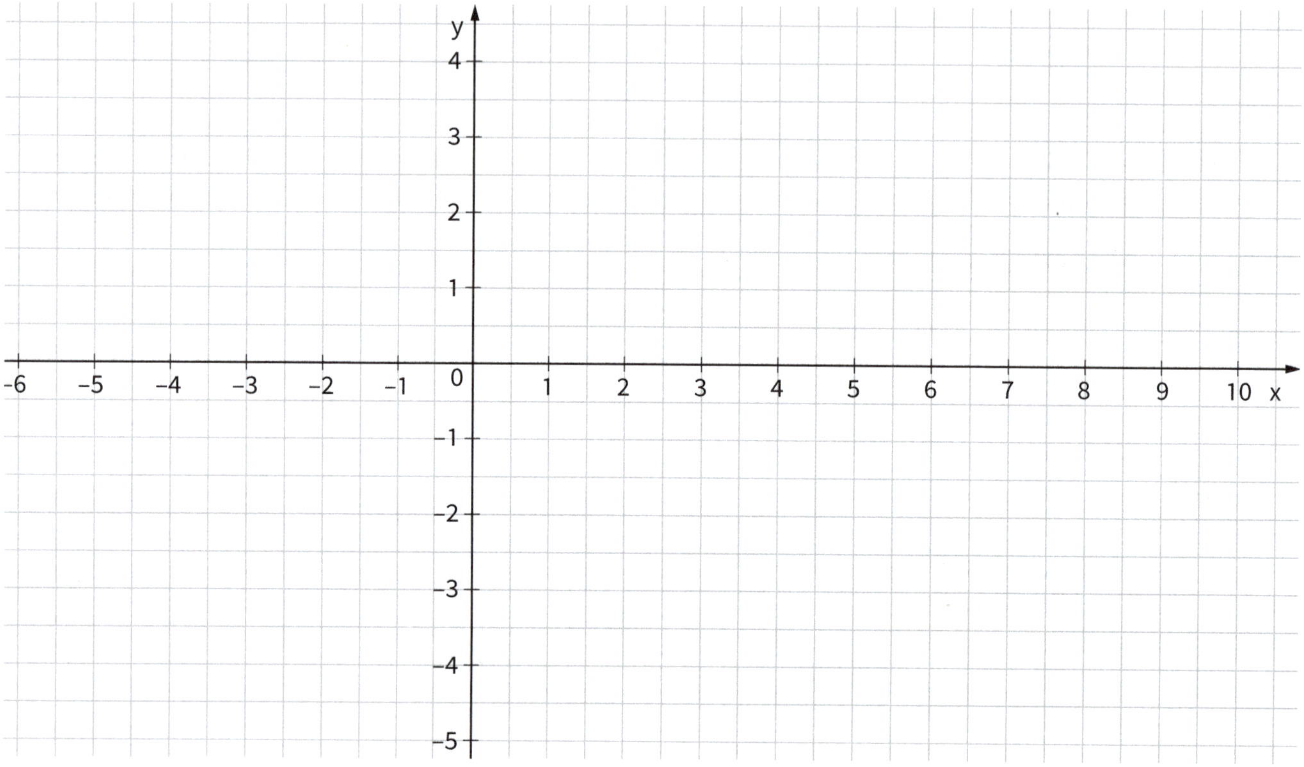

4 Aus der abgebildeten Holzplatte soll eine möglichst große kreisförmige Scheibe gesägt werden. Bestimme zunächst durch eine Konstruktion die Lage des Kreismittelpunktes. Bestimme anschließend die Größe des Radius (in m). Beachte den Maßstab.

Maßstab 1: 50

Kongruente Figuren

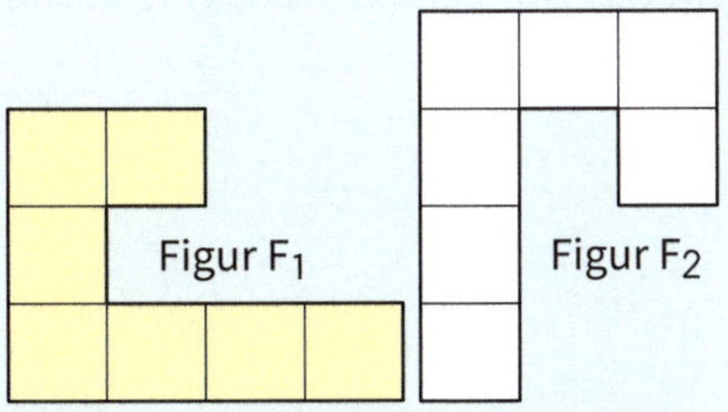

F_1 und F_2 stimmen in Größe und Form überein: F_1 ist kongruent zu F_2.

1 Sind die Teilfiguren zueinander kongruent?

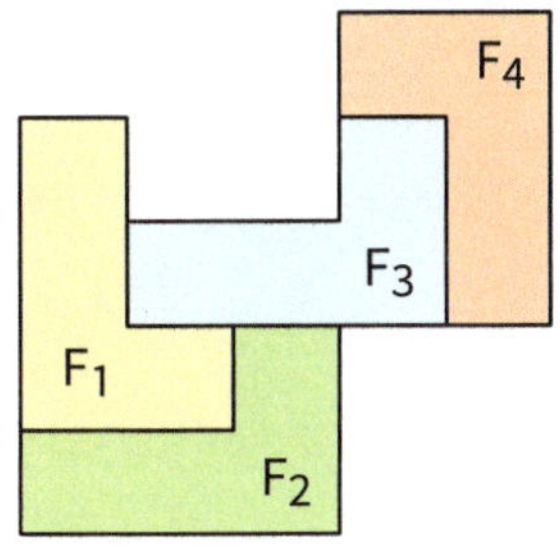

____

____

2 Welche Figuren sind kongruent zueinander?

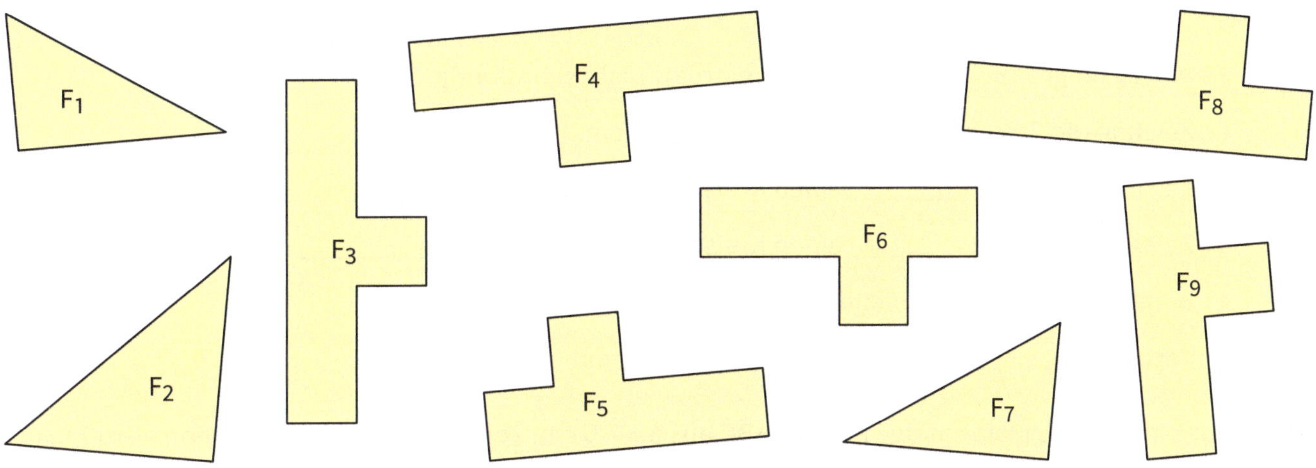

____

____

3 a) Miss und notiere jeweils die einzelnen Seitenlängen und Winkelgrößen der Dreiecke.

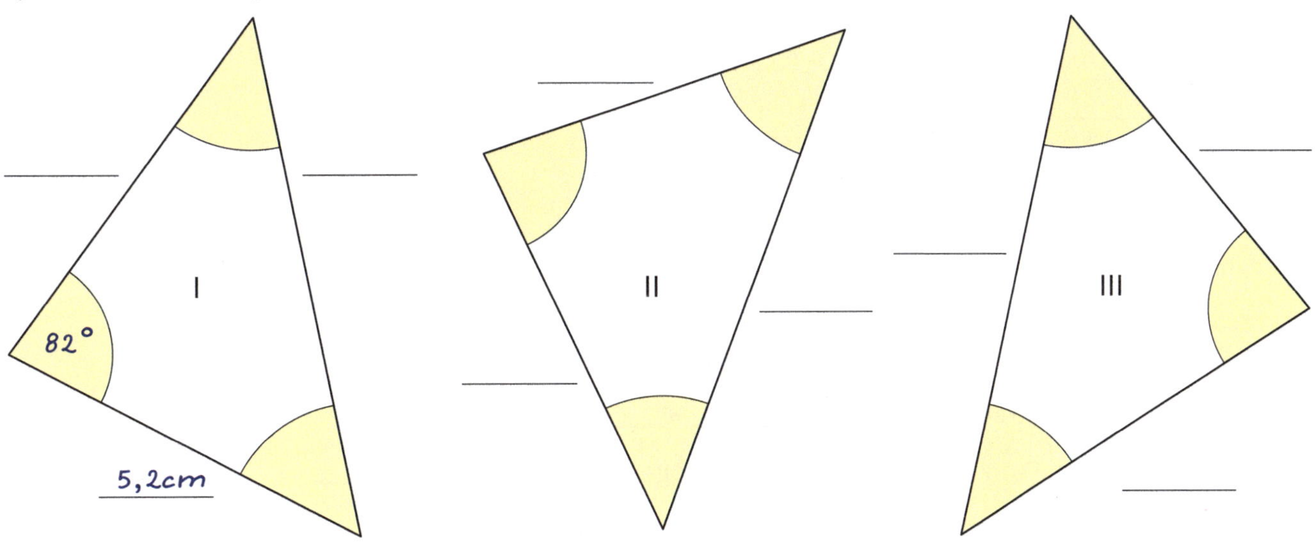

b) Welche Dreiecke sind zueinander kongruent? Begründe deine Antwort.

Antwort: ______________________________________

____

Konstruktion von Dreiecken – SSS

1 a) Konstruiere aus den Seitenlängen a = 5 cm, b = 6 cm und c = 7 cm das Dreieck ABC. Zeichne vorher die gegebenen Größen in die Planfigur farbig ein.

Planfigur:

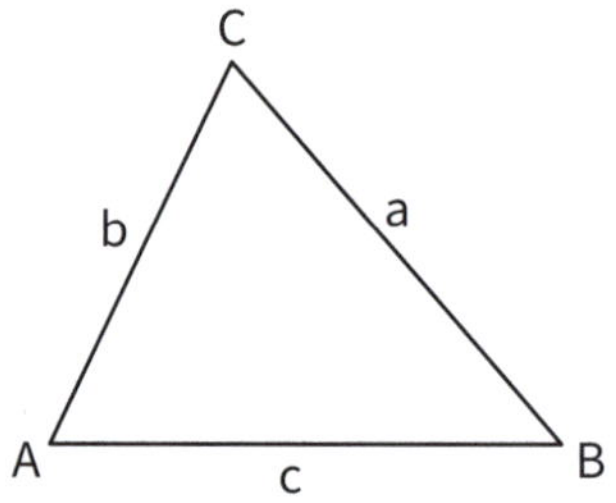

b) Vervollständige den Lückentext der Konstruktionsbeschreibung.

1. Zeichne die Strecke $\overline{AB}$ = ________ = ________ cm.
2. Zeichne um Punkt ________ einen Kreisbogen mit dem Radius ________ = 6 cm.
3. Zeichne um Punkt ________ einen Kreisbogen mit dem Radius ________ = 5 cm.
4. Benenne den Schnittpunkt der Bögen mit ________.
5. Verbinde ________ mit ________ und ________ mit ________.

2 a) Konstruiere das gleichseitige Dreieck ABC aus a = 7,5 cm. Zeichne vorher die gegebenen Größen in die Planfigur farbig ein.

Planfigur:

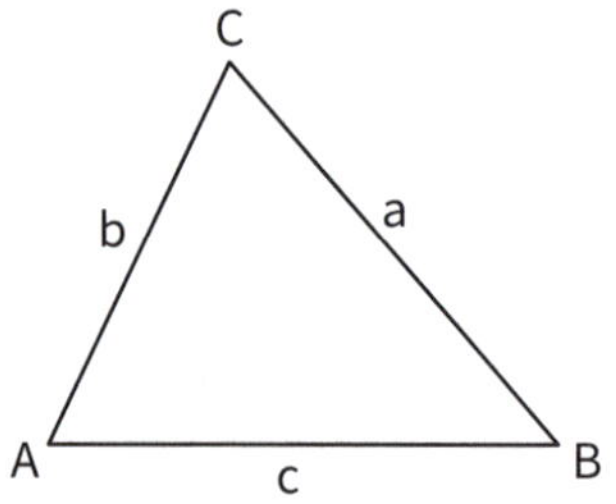

b) Vervollständige den Lückentext der Konstruktionsbeschreibung.

1. Zeichne die Strecke ________ = ________ = ________ cm.
2. Zeichne um Punkt ________ einen Kreisbogen mit dem Radius ________ = ________ cm.
3. Zeichne um Punkt ________ einen Kreisbogen mit dem Radius ________ = ________ cm.
4. Benenne den Schnittpunkt der Bögen mit ________.
5. Verbinde ________ mit ________ und ________ mit ________.

Konstruktion von Dreiecken – SWS

1 a) Konstruiere aus b = 4,3 cm, c = 6,2 cm und $\alpha = 68°$ das Dreieck ABC. Zeichne vorher die gegebenen Größen in die Planfigur farbig ein.

Planfigur:

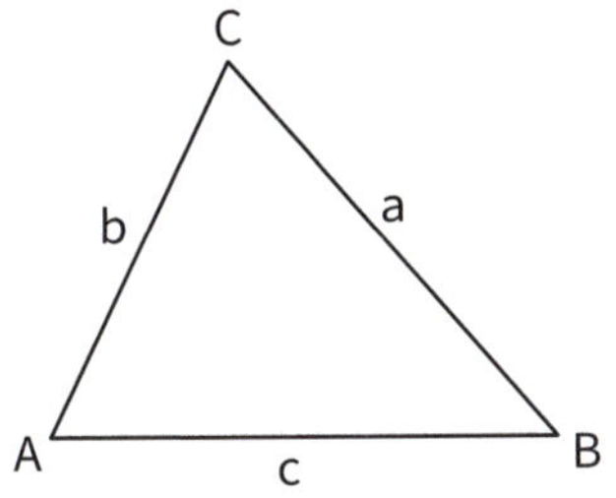

b) Ergänze die Konstruktionsbeschreibung.

1. Zeichne die Strecke $\overline{AB}$ = ________ = ________ cm.
2. Trage in Punkt A an der Seite ________ den Winkel ________ = ________ an.
3. Zeichne auf dem Schenkel die Strecke $\overline{AC}$ = ________ mit einer Länge von ________ cm.
   Du erhältst den Punkt ________.
4. Verbinde Punkt ________ mit Punkt ________.

2 a) Konstruiere das gleichschenklige Dreieck ABC (a = b) mit a = 4,7 cm und $\gamma = 44°$. Zeichne vorher die gegebenen Größen in die Planfigur farbig ein.

Planfigur:

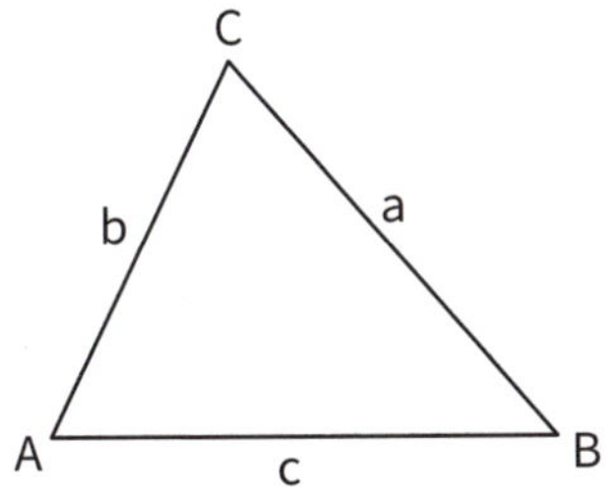

b) Ergänze die Konstruktionsbeschreibung.

1. Zeichne die Strecke $\overline{AC}$ = ________ = ________ cm.
2. Trage in Punkt ________ an der Seite ________ den Winkel ________ = ________ an.
3. Zeichne auf dem Schenkel die Strecke ________ = ________ mit einer Länge von ________ cm.
   Du erhältst den Punkt ________.
4. Verbinde Punkt ________ mit Punkt ________.

Konstruktion von Dreiecken – WSW

1 a) Konstruiere aus $b = 3{,}8$ cm, $\alpha = 35°$ und $\gamma = 100°$ das Dreieck ABC. Zeichne vorher die gegebenen Größen in die Planfigur farbig ein.

Planfigur:

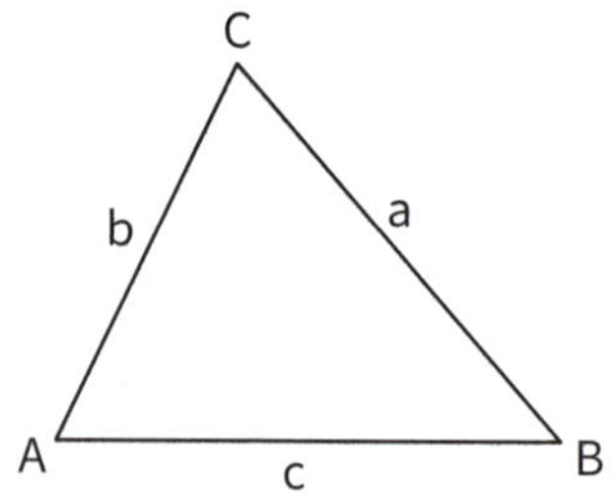

b) Ergänze die Konstruktionsbeschreibung.

1. Zeichne die Strecke $\overline{AC}$ = ________ = 3,8 cm mit den Punkten A und C.
2. Trage in Punkt ________ an b den Winkel ________ = 35° an.
3. Trage in Punkt ________ an b den Winkel ________ = 100° an.
4. Benenne den Schnittpunkt der Schenkel mit ________.

2 a) Konstruiere das Dreieck ABC aus $a = 4{,}5$ cm, $\beta = 42°$ und $\gamma = 85°$. Zeichne vorher die gegebenen Größen in die Planfigur farbig ein.

Planfigur:

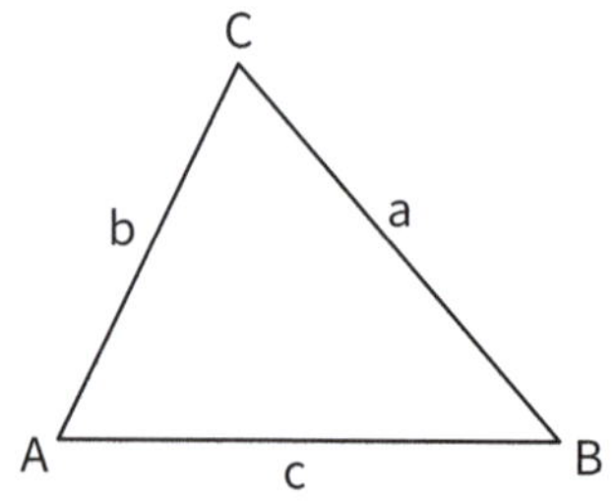

b) Ergänze die Konstruktionsbeschreibung.

1. Zeichne die Strecke ________ = ________ = ________ cm mit den Punkten B und ________.
2. Trage in Punkt ________ an ________ den Winkel ________ = 42° an.
3. Trage in Punkt ________ an ________ den Winkel ________ = 85° an.
4. Benenne den Schnittpunkt der Schenkel mit ________.

Konstruktion von Dreiecken – SsW

1 a) Konstruiere aus b = 3,5 cm, c = 5,4 cm und γ = 85° das Dreieck ABC. Zeichne vorher die gegebenen Größen in die Planfigur farbig ein.

Planfigur:

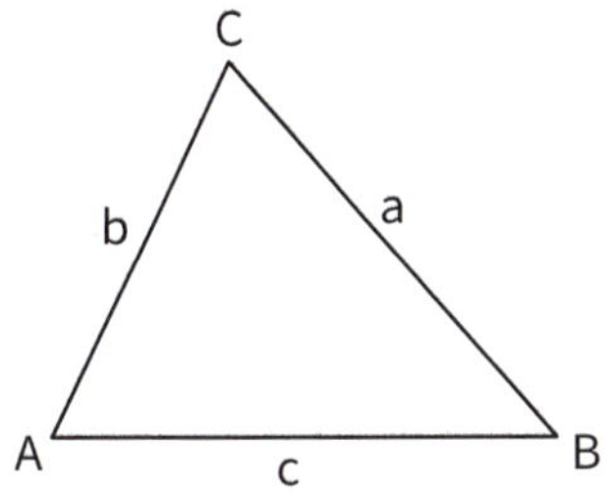

b) Ergänze die Konstruktionsbeschreibung.

1. Zeichne die Strecke $\overline{AB}$ = ________ = 3,5 cm.
2. Trage in Punkt C an ________ den Winkel ________ = 85° an.
3. Zeichne um Punkt A einen Kreis mit dem Radius ________ = 5,4 cm. Der Kreis schneidet den Schenkel in Punkt ________.
4. Verbinde Punkt ________ mit Punkt ________.

2 a) Konstruiere aus a = 6,4 cm, c = 5,0 cm und α = 86° das Dreieck ABC. Zeichne vorher die gegebenen Größen in die Planfigur farbig ein.

Planfigur:

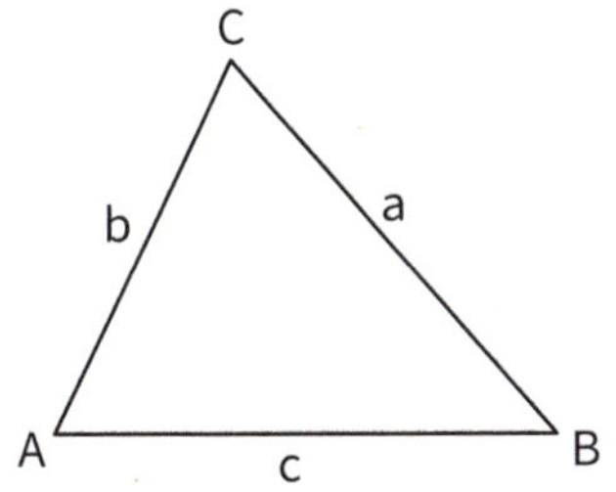

b) Ergänze die Konstruktionsbeschreibung.

1. Zeichne die Strecke $\overline{AB}$ = ________ = ________ cm. Du erhältst die Punkte A und B.
2. Trage in Punkt ________ an ________ den Winkel ________ = 86° an.
3. Zeichne um Punkt ________ einen Kreis mit dem Radius ________ = 6,4 cm. Der Kreis schneidet den Schenkel in Punkt ________.
4. Verbinde Punkt ________ mit Punkt ________.

Sachaufgaben

1 Zur Bestimmung der Breite des Flusses wird die Strecke $\overline{AB} = 12$ m abgemessen und mit einem Messgerät die Größe des Winkels α bestimmt. Ermittle durch eine Zeichnung im Maßstab 1 : 100 die Breite des Flusses.

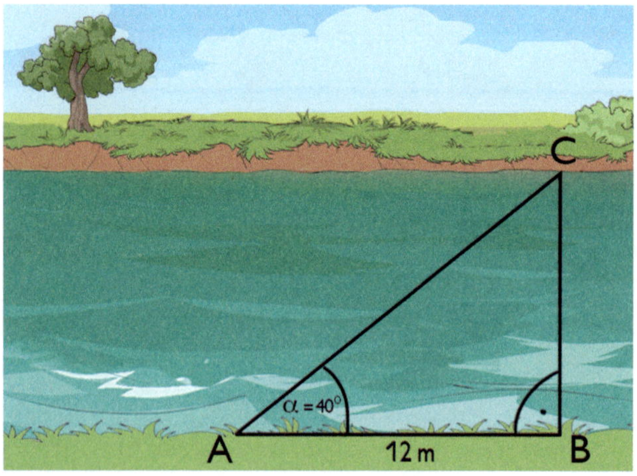

Länge in der Zeichnung	Länge in Wirklichkeit
1 cm	100 cm = 1 m

Breite des Flusses: ______________________

2 Zur Bestimmung der Höhe einer Felswand wird eine Strecke $\overline{AB}$ von 40 m abgemessen. Außerdem werden die Größen der Winkel α und β bestimmt. Bestimme zeichnerisch die Höhe der Felswand. Wähle den Maßstab 1 : 1 000.

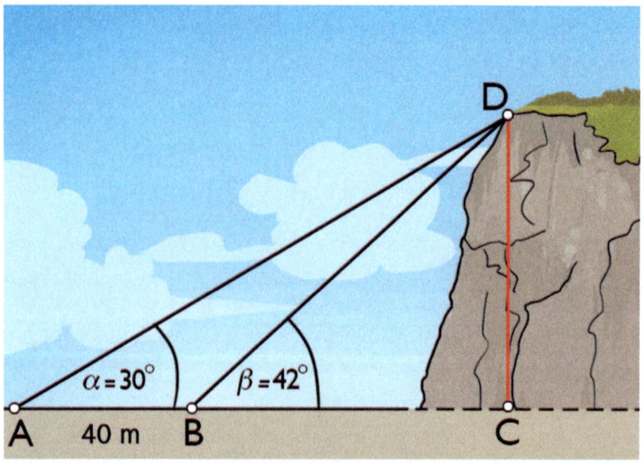

Länge in der Zeichnung	Länge in Wirklichkeit
1 cm	1 000 cm = 10 m

Höhe der Felswand: ______________________

Sachaufgaben

3 Die Höhe der Windkraftanlage bis zur Nabe soll bestimmt werden. Zeichne das Dreieck im Maßstab 1 : 1 000. Miss in der Zeichnung die zu bestimmenden Streckenlängen und berechne danach mithilfe des Maßstabs die Höhe der Windkraftanlage bis zur Nabe.

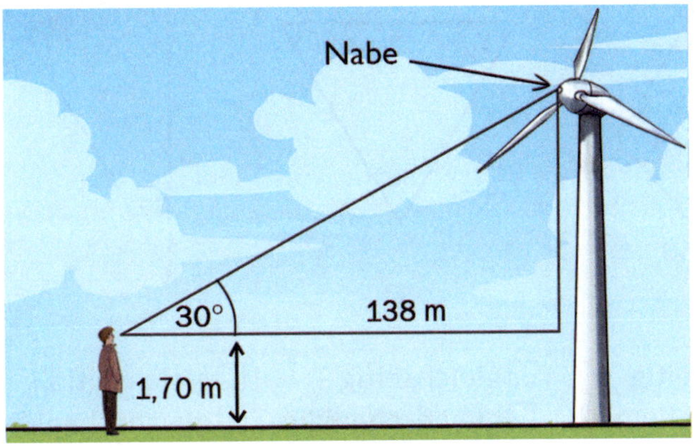

Länge in der Zeichnung	Länge in Wirklichkeit
1 cm	1 000 cm = 10 m

Höhe der Windkraftanlage: ______________________

4 Zur Bestimmung der Flughöhe wird ein Heißluftballon von den Punkten A und B unter zwei Winkeln angepeilt. Die Strecke $\overline{AB}$ ist 400 m lang. Wie hoch ist der Heißluftballon über dem Boden? Zeichne im Maßstab 1 : 10 000 und ermittle die Höhe durch eine Zeichnung.

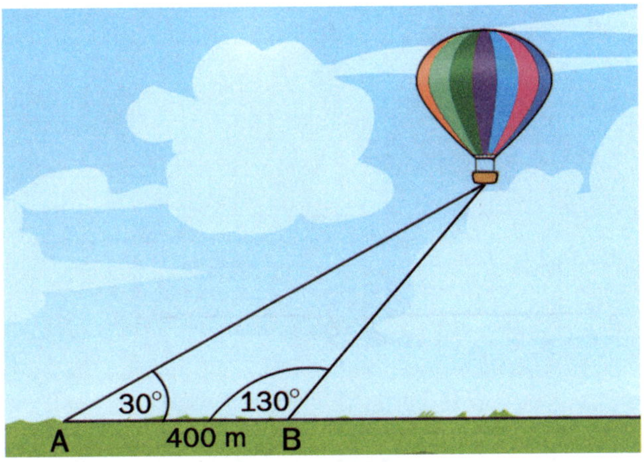

Länge in der Zeichnung	Länge in Wirklichkeit
1 cm	10 000 cm = 100 m

Höhe des Heißluftballons: ______________________

AUSGANGSTEST 6 - Dreiecke und Winkel

1 Bestimme zunächst die fehlende Winkelgröße. Kreuze die zutreffenden Eigenschaften an.

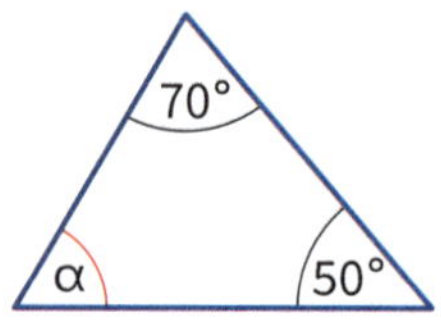	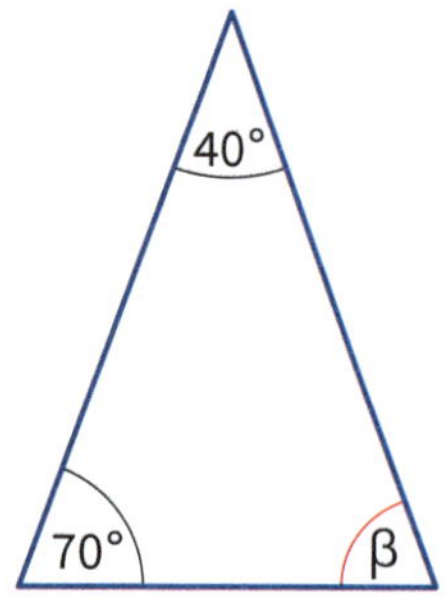	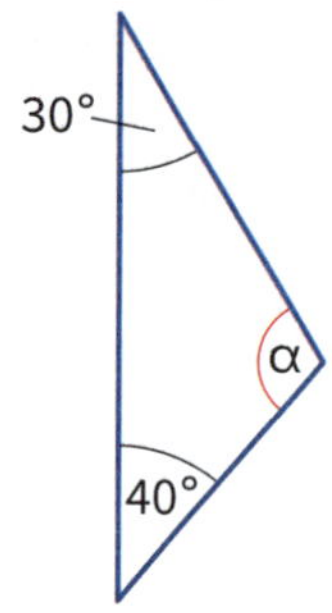	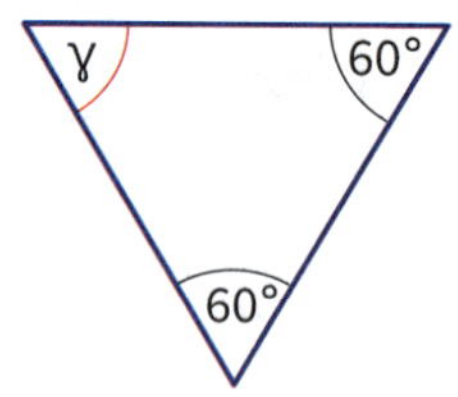	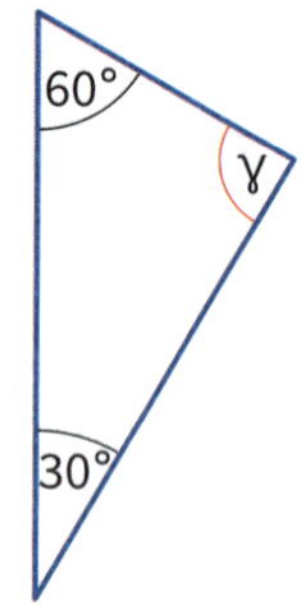
α =	β =	α =	γ =	γ =
☐ gleichseitig ☐ gleichschenklig ☐ unregelmäßig ☐ spitzwinklig ☐ stumpfwinklig ☐ rechtwinklig	☐ gleichseitig ☐ gleichschenklig ☐ unregelmäßig ☐ spitzwinklig ☐ stumpfwinklig ☐ rechtwinklig	☐ gleichseitig ☐ gleichschenklig ☐ unregelmäßig ☐ spitzwinklig ☐ stumpfwinklig ☐ rechtwinklig	☐ gleichseitig ☐ gleichschenklig ☐ unregelmäßig ☐ spitzwinklig ☐ stumpfwinklig ☐ rechtwinklig	☐ gleichseitig ☐ gleichschenklig ☐ unregelmäßig ☐ spitzwinklig ☐ stumpfwinklig ☐ rechtwinklig

2 Sind die Aussagen über Dreiecke wahr oder falsch? Kreuze an.

Aussage	wahr	falsch
Im rechtwinkligen Dreieck ist die Summe der beiden anderen Winkel 90°.		
Ein Dreieck kann zwei stumpfe Winkel haben.		
Ein Dreieck kann drei spitze Winkel haben.		
Wenn zwei Winkel in einem Dreieck gleich groß sind, sind auch zwei Seiten gleich lang.		
Ein Dreieck kann zwei rechte Winkel haben.		

3 Die Punkte A, B und C sollen die Eckpunkte eines Dreiecks ABC sein.

a) Ergänze die Strecke $\overline{AB}$ zu einem rechtwinkligen Dreieck ABC.

b) Ergänze die Strecke $\overline{AB}$ zu einem stumpfwinkligen Dreieck ABC.

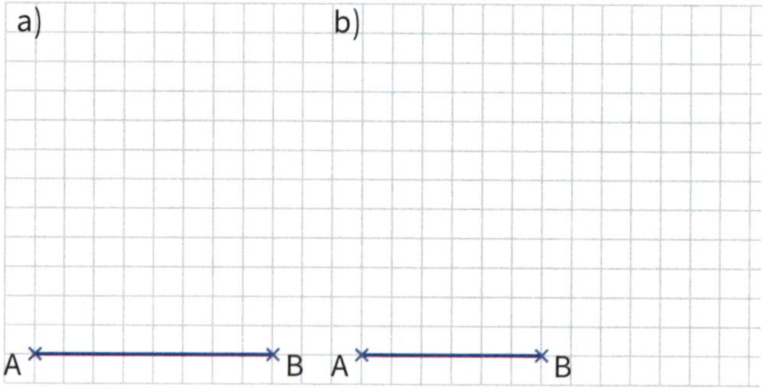

4 Bestimme die Größe der bezeichneten Winkel.

a)

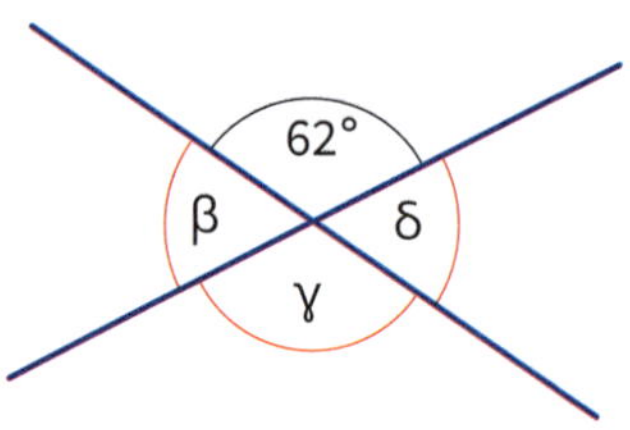

b)

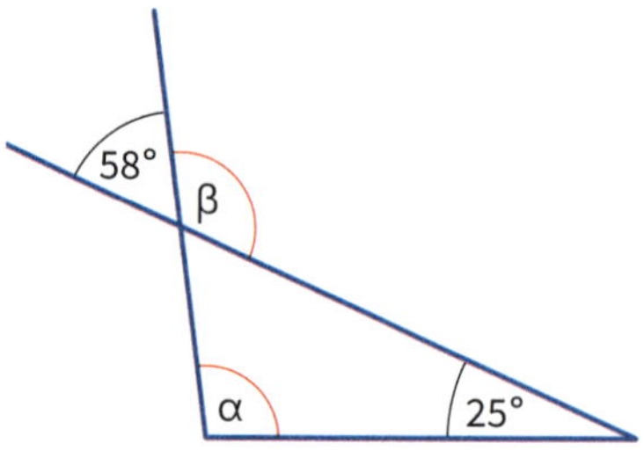

c)

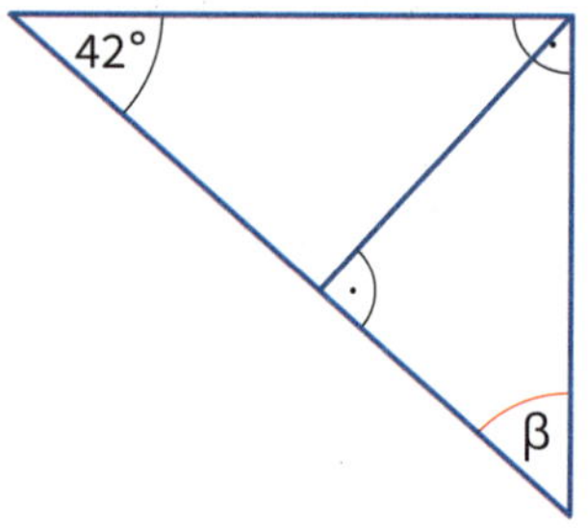

β = ________ γ = ________ δ = ________ α = ________ β = ________ β = ________

AUSGANGSTEST 6 - Dreiecke und Winkel

5 Ermittle in jedem Dreieck den Schnittpunkt H der Höhen.

I

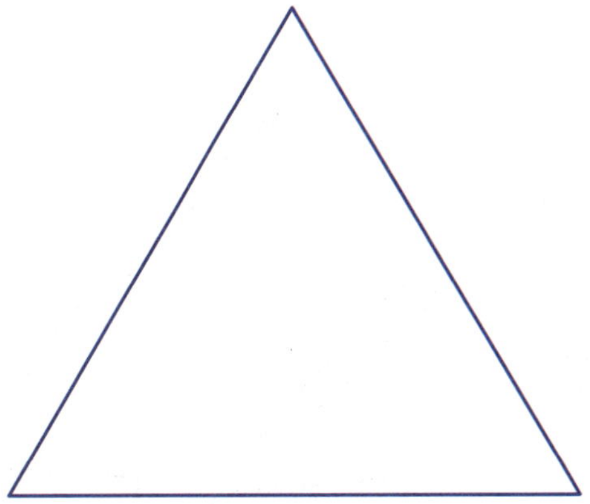

II

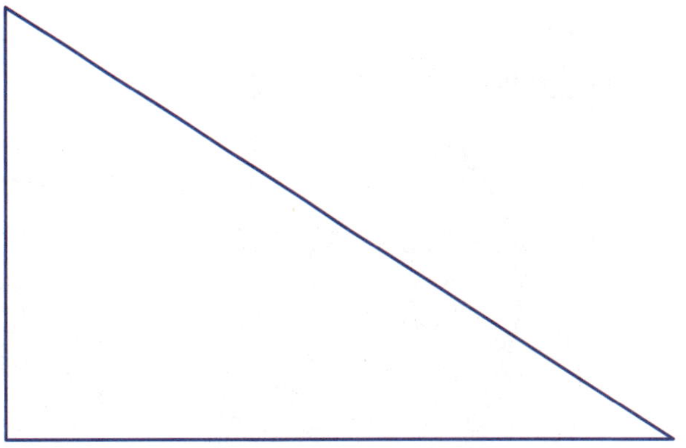

6 Zeichne das Dreieck ABC aus den gegebenen Stücken. Zeichne vorher die gegebenen Stücke in die Planfigur farbig ein.

a) a = 4 cm
b = 4 cm
c = 5 cm

Planfigur:

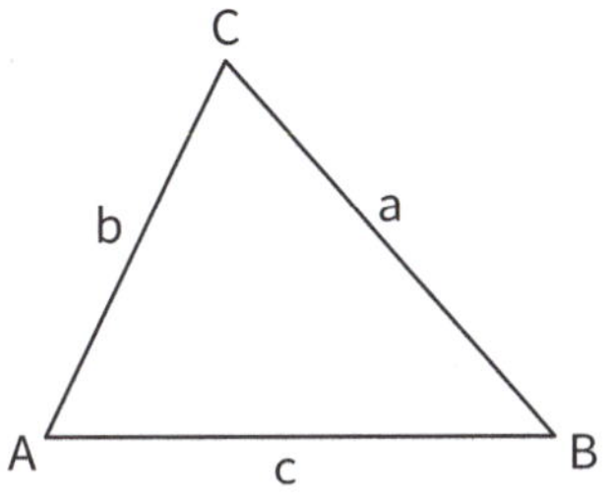

b) c = 7 cm
α = 35°
β = 65°

Planfigur:

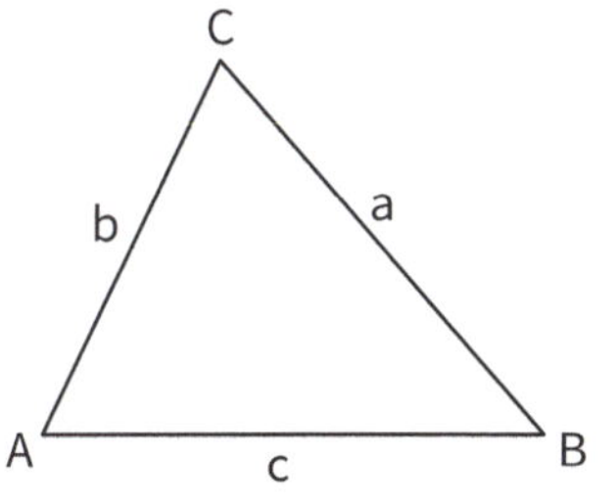

7 Familie Lange möchte über ihren Gartenteich eine Brücke bauen. Bestimme die Länge l der Brücke durch eine Zeichnung im Maßstab 1 : 100.

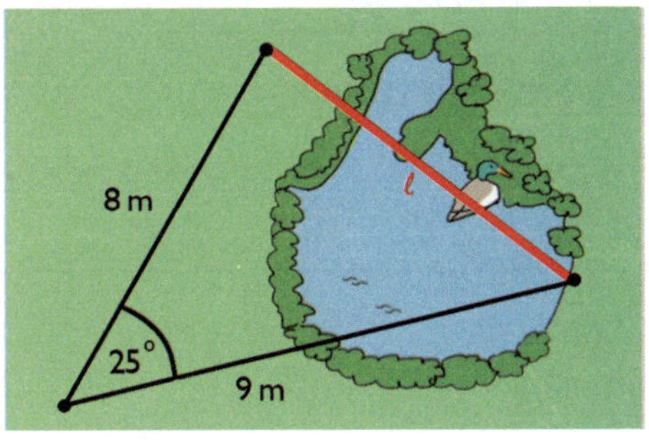

Länge der Brücke: ______________

Variablen und Terme

Zahlenterme

1 Alina, Ayla, Alana und Ada kaufen Materialien für den Kunstunterricht. Stelle einen Term auf, mit dem du den Gesamtpreis des Einkaufs berechnen kannst, und gib den Gesamtpreis an.

a) Alina kauft drei Borstenpinsel und fünf Haarpinsel.

Preis (€) für einen Borstenpinsel: ______

Preis (€) für einen Haarpinsel: ______

Term: 3 · ______ + 5 · ______

Gesamtpreis (€): ______

b) Ayla kauft zwei Zeichenblöcke und vier Haarpinsel.

Preis (€) für einen Zeichenblock: ______

Preis (€) für einen Haarpinsel: ______

Term: ______

Gesamtpreis (€): ______

c) Alana kauft einen Farbkasten, einen Zeichenblock und zwei Borstenpinsel.

Term: ______

Gesamtpreis (€): ______

d) Ada kauft einen Farbkasten, zwei Zeichenblöcke und sechs Haarpinsel.

Term: ______

Gesamtpreis (€): ______

2 Emil und Elia kaufen ebenfalls Materialen für den Kunstunterricht.

a) Emil kauft einen Zeichenblock und drei Borstenpinsel. Er bezahlt mit einem Zehn-Euro-Schein.
Wie viel Euro erhält er zurück?

Term: 10 – ______

Antwort: ______

b) Elia kauft einen Farbkasten, zwei Zeichenblöcke, zwei Borstenpinsel und drei Haarpinsel. Er bezahlt mit einem Zwanzig-Euro-Schein.
Wie viel Euro erhält er zurück?

Term: ______

Antwort: ______

Zahlenterme

3 Berechne den Wert des Terms. Achte auf die Regeln „Punkt vor Strich“ und „Klammern zuerst“.

a) $7 \cdot 6 + 18 =$ ______

$8 \cdot 9 - 52 =$ ______

$70 - 3 \cdot 13 =$ ______

b) $3 \cdot 8 + 6 \cdot 6 =$ ______

$150 : 5 - 12 \cdot 2 =$ ______

$40 - 2 \cdot 9 - 7 =$ ______

c) $(14 + 6) \cdot 8 =$ ______

$55 : (16 - 5) =$ ______

$10 \cdot (12 + 3) =$ ______

d) $(11 + 9) \cdot 3 - 15 =$ ______

$5 \cdot (21 - 17) + 1 =$ ______

$(12 + 18) - 6 \cdot 5 =$ ______

4 Notiere den Term, der zu dem Text gehört, und berechne seinen Wert.

a) Addiere 11 zum Produkt aus 15 und 4. ______

b) Multipliziere die Differenz aus 29 und 15 mit 3. ______

c) Dividiere die Summe aus 31 und 19 durch 5. ______

d) Subtrahiere das Produkt aus 3 und 8 von 50. ______

e) Addiere das Doppelte von 9 zum Achtfachen von 4. ______

f) Subtrahiere 11 von der Differenz aus 21 und 8. ______

5 Notiere, ob der angegebene Term eine Summe, eine Differenz, ein Produkt oder ein Quotient ist. Bestimme dann seinen Wert.

	Term	Art des Terms	Wert des Terms
a)	$8 \cdot 4 - 12$		
b)	$(20 - 9) \cdot 3$		
c)	$5 \cdot 6 + 2 \cdot 10$		
d)	$40 : (21 - 13)$		

6 Schreibe den angegebenen Term als Text.

a) $16 + 5$ ______

b) $19 - 4$ ______

c) $4 \cdot 8 + 2$ ______

d) $30 - 6 \cdot 4$ ______

Terme mit Variablen

1 Stelle einen Term für den Gesamtpreis auf.

a) Mia kauft im Schulkiosk ein Päckchen Kakao und mehrere Schokoriegel.

Preis (€) für ein Päckchen Kakao: ______

Anzahl der Schokoriegel: x

Preis (€) für die Schokoriegel: ______

Term: ______

b) Jana kauft zwei Müsliriegel und mehrere Päckchen Fruchtsaft.

Preis (€) für zwei Müsliriegel: ______

Anzahl der Päckchen Saft: x

Preis (€) für die Päckchen Saft: ______

Term: ______

c) Eda holt sich ein Päckchen Fruchtsaft und mehrere Käsebrötchen.

Preis (€) für ein Päckchen Fruchtsaft: ______

Anzahl der Käsebrötchen: ______

Preis (€) für die Käsebrötchen: ______

Term: ______

d) In der Pause kauft Thea ein Päckchen Kakao und mehrere Äpfel.

Preis (€) für ein Päckchen Kakao: ______

Anzahl der Äpfel: ______

Preis (€) für die Äpfel: ______

Term: ______

e) Selina kauft ein Käsebrötchen, einen Apfel und mehrere Schokoriegel.

Preis (€) für ein Käsebrötchen: ______

Preis (€) für einen Apfel: ______

Anzahl der Schokoriegel: ______

Preis (€) für die Schokoriegel: ______

Term: ______

f) Lara holt sich ein Päckchen Kakao, zwei Käsebrötchen Saft und mehrere Müsliriegel.

Preis (€) für ein Päckchen Kakao: ______

Preis (€) für zwei Käsebrötchen: ______

Anzahl der Müsliriegel: ______

Preis (€) für die Müsliriegel: ______

Term: ______

2 Vervollständige die Aufgabenstellung, indem du selbst aus dem Angebot des Schulkiosk auswählst, und stelle einen Term für den Gesamtpreis auf.

a) Ben kauft zwei ______

und mehrere ______

Preis (€) für ______ ______

Anzahl der ______ ______

Preis (€) für ______ ______

Term: ______

b) Julius kauft drei ______

und mehrere ______

Preis (€) für ______ ______

Anzahl der ______ ______

Preis (€) für ______ ______

Term: ______

3 Gib einen Term an, mit dem du den Gesamtpreis berechnen kannst, und vervollständige die Tabelle.

a) Finn kauft zwei Äpfel und mehrere Käsebrötchen.

Term: ______________________________

Anzahl der Käsebrötchen	2	3	4	5
Gesamtpreis (€)				

b) Kaya holt sich drei Müsliriegel und mehrere Äpfel.

Term: ______________________________

Anzahl der Äpfel	2	3	4	5
Gesamtpreis (€)				

4 Vier Jungen haben jeweils einen Term aufgestellt, mit dem sie berechnen können, wie viel Euro sie beim Einkauf im Schulkiosk ausgegeben haben. Notiere, was jeder Junge gekauft hat.

Paul: $0{,}70 + x \cdot 0{,}40$

____

____

Elias: $0{,}60 + x \cdot 0{,}50$

____

____

Linus: $1{,}60 + x \cdot 0{,}90$

____

____

Noah: $1{,}80 + x \cdot 0{,}70$

____

____

5 Laura möchte für sich und ihre Freundinnen mehrere Päckchen Kakao kaufen. Sie bezahlt mit einem Fünf-Euro-Schein.

a) Stelle einen Term auf, mit dem du berechnen kannst, wie viel Euro sie zurückerhält, wenn sie zwei (drei, vier, fünf) Päckchen Kakao kauft.

Preis (€) für ein Päckchen Kakao: __________

Anzahl der Päckchen Kakao: __________

Term: 5 – ______________________

b) Vervollständige die Tabelle.

Anzahl der Päckchen Kakao	2	3	4	5
Gesamtpreis (€)				

c) Wie viele Päckchen Kakao kann sie höchstens kaufen?

Antwort: ______________________

6 Eren möchte für sich und seine Freunde mehrere Äpfel kaufen. Er bezahlt mit einem Zehn-Euro-Schein.

a) Stelle einen Term auf, mit dem du berechnen kannst, wie viel Euro er zurückerhält, wenn er einen Apfel, zwei (drei, vier, fünf) Äpfel kauft.

Preis (€) für einen Apfel: __________

Anzahl der Äpfel: __________

Term: ______________________

b) Vervollständige die Tabelle.

Anzahl der Äpfel	2	3	4	5
Gesamtpreis (€)				

c) Wie viele Äpfel kann Eren höchstens kaufen?

Antwort: ______________________

Terme mit Variablen

7 Schreibe den Text als Term.

a) das Elffache einer Zahl ____________
b) eine Zahl vermindert um 23 ____________
c) die Hälfte einer Zahl ____________
d) die Summe aus 16 und einer Zahl ____________
e) eine Zahl vermehrt um 1 ____________
f) die Differenz aus einer Zahl und 8 ____________
g) das Quadrat einer Zahl ____________
h) das Achtfache einer Zahl vermehrt um 1 ____________

8 Berechne zu jedem x-Wert den Wert des Terms. Vervollständige dazu die Tabelle.

a)

x	3 · x + 4
1	
2	
3	
4	
5	
6	

b)

x	4 · x – 3
1	
2	
3	
4	
5	
6	

c)

x	2 · x – 15
10	
20	
30	
40	
50	
60	

d)

x	7 · x + 6
2	
4	
6	
8	
10	
12	

9 Setze für die Variablen die angegebenen Zahlen ein und berechne den Wert des Terms.

	a)	b)	c)	d)	e)	f)	g)	h)	i)
x	7 · x	x : 3	x – 5	x + 11	2 · x + 3	3 · x – 4	2 · x + 4 · x	100 – x	60 – 2 · x
6									
9									
15									
30									

		k)	l)	m)	n)	o)	p)	q)	r)
x	y	x + y	x – y	x · y	x : y	2 · x – y	3 · x + y	80 – x – y	4 · x + 2 · y
8	4								
10	2								
20	5								
40	1								

Terme ordnen und zusammenfassen

1 Ordne die Variablen und vereinfache den Term wie in den Beispielen.

$3 \cdot x \cdot 4 = 3 \cdot 4 \cdot x = 12 \cdot x = 12x$ $\quad$ $2 \cdot b \cdot 7 \cdot a = 2 \cdot 7 \cdot a \cdot b = 14 \cdot a \cdot b = 14ab$

a) $4 \cdot 2 \cdot a =$ ______ b) $7 \cdot 3 \cdot y =$ ______ c) $3 \cdot b \cdot a =$ ______

$3 \cdot b \cdot 5 =$ ______ $5 \cdot z \cdot 6 =$ ______ $r \cdot 7 \cdot s =$ ______

$x \cdot 2 \cdot 8 =$ ______ $x \cdot 2 \cdot 9 =$ ______ $9 \cdot v \cdot u =$ ______

d) $3 \cdot x \cdot 8 \cdot y =$ ______ e) $6 \cdot p \cdot 2 \cdot q \cdot 3 =$ ______

$a \cdot 5 \cdot 2 \cdot b =$ ______ $b \cdot 5 \cdot c \cdot a \cdot 2 =$ ______

$s \cdot 3 \cdot r \cdot 7 =$ ______ $9 \cdot w \cdot 4 \cdot v \cdot 2 =$ ______

2 Fasse gleichartige Terme zusammen.

$3a + 5a = 8a$ $\quad$ $9x + 7y - 3x - 2y = 9x - 3x + 7y - 2y = 6x + 5y$ $\quad$ $6t + 7 - 2t - 1 = 4t + 6$

a) $2x + 5x =$ ______ b) $12x - 2x =$ ______ c) $23x + 4x - 7x =$ ______

$8a + 5a =$ ______ $15a - 9a =$ ______ $31v - 9v - 2v =$ ______

$4u + 9u =$ ______ $20t - 8t =$ ______ $13p - 6p - p =$ ______

d) $7x + 8y + 2x + 5y =$ ______ e) $20p + 5q - 3p - 2q =$ ______

$8a + 4b + 6a + 4b =$ ______ $18r + 5s - 13r - 2s =$ ______

$9r + 5s + 2r + 7s =$ ______ $12v + 5w - 3v + 2w =$ ______

f) $8z + 15 + 2z + 14 =$ ______ g) $10r + 5r - 13r - r =$ ______

$16t + 13 + 12 + 4t =$ ______ $16t + 15 - 13t - 12 =$ ______

$18k + 11 - 2k - 4 =$ ______ $20v + 3w - 17v - w =$ ______

h) $18x + 15y + 12x + 25y + 11z + 10x + 9z =$ ______

$28a + 30b - 18a - 12b + 4c - 16b - 3c =$ ______

$17u + 15 + 12v + 13u - 10v - 20u - 13 =$ ______

AUSGANGSTEST 7 – Variablen und Terme

1 Berechne den Wert des Terms.

a) $6 \cdot 3 + 11 =$ ____________ b) $30 : (9 - 4) =$ ____________

$23 - 8 : 4 =$ ____________ $(2 + 9) \cdot 7 =$ ____________

2 Notiere den Text als Term und berechne den Wert des Terms.

a) Multipliziere 3 mit 5. ____________

b) Subtrahiere 7 von 9. ____________

c) Addiere zu 12 das Produkt aus 6 und 4. ____________

d) Multipliziere die Summe aus 8 und 2 mit 5. ____________

3 Schreibe den Text als Term.

a) eine Zahl vermehrt um 6 ____________ b) eine Zahl vermindert um 13 ____________

c) die Hälfte einer Zahl ____________ d) das Doppelte einer Zahl ____________

4 Leon kauft einen Schreibblock zu 1,20 € und mehrere Fineliner zu je 0,70 €.

a) Gib einen Term an, mit dem du berechnen kannst, wie viel Euro er für seinen Einkauf insgesamt bezahlen muss.

Term: ____________

b) Vervollständige die Tabelle.

Anzahl der Fineliner	1	3	5	7	10
Gesamtpreis des Einkaufs (€)					

5 Setze für die Variablen die angegebenen Zahlen ein und berechne den Wert des Terms.

	a)	b)	c)	d)
x	$6x$	$x - 4$	$x + 5$	$x : 2$
8				
12				
20				

		e)	f)	g)
x	y	$x \cdot y$	$x - y$	$x + y + 1$
8	7			
9	1			
10	5			

6 Ordne die Variablen und vereinfache den Term.

a) $4 \cdot a \cdot 8 =$ ____________ b) $3 \cdot y \cdot 7 =$ ____________ c) $3 \cdot b \cdot a =$ ____________

$9 \cdot 2 \cdot x =$ ____________ $4 \cdot 5 \cdot z =$ ____________ $y \cdot 6 \cdot x =$ ____________

7 Fasse gleichartige Terme zusammen.

a) $2x + 5x =$ ____________ b) $9a + 4b - 5a + 2b =$ ____________ c) $6t + 4 + 3t + 1 =$ ____________

$9x - 3x =$ ____________ $7u + 3v - 2u + 2v =$ ____________ $5z + 7 - 3z + 2 =$ ____________

Tabelle zur Dokumentation und Selbsteinschätzung

Liebe Schülerin, lieber Schüler,

auf dieser und der folgenden Seite kannst du deine Arbeit in diesem Heft dokumentieren:

- Du trägst das Datum ein, an dem du die angegebene Seite bearbeitet hast.
- Du vermerkst, ob du bei allen Aufgaben keine Schwierigkeiten hattest (☺),
bei einigen Aufgaben Schwierigkeiten hattest (😐) oder
bei fast allen Aufgaben Schwierigkeiten hattest (☹).

Auch deine Lehrerin oder dein Lehrer hat die Möglichkeit, dir dazu eine Rückmeldung zu geben.

Seite	Datum	☺,😐,☹	Rückmeldung
1		○	
2		○	
3		○	
4		○	
5		○	
6		○	
7		○	
8		○	
9		○	
10		○	
11		○	
12		○	
13		○	
14		○	
15		○	
16		○	
17		○	
18		○	
19		○	
20		○	

Seite	Datum	☺,😐,☹	Rückmeldung
21		○	
22		○	
23		○	
24		○	
25		○	
26		○	
27		○	
28		○	
29		○	
30		○	
31		○	
32		○	
33		○	
34		○	
35		○	
36		○	
37		○	
38		○	
39		○	
40		○	

Tabelle zur Dokumentation und Selbsteinschätzung

Seite	Datum	☺,😐,☹	Rückmeldung
41		○	
42		○	
43		○	
44		○	
45		○	
46		○	
47		○	
48		○	
49		○	
50		○	
51		○	
52		○	
53		○	
54		○	
55		○	
56		○	
57		○	
58		○	
59		○	
60		○	
61		○	
62		○	
63		○	
64		○	
65		○	

Seite	Datum	☺,😐,☹	Rückmeldung
66		○	
67		○	
68		○	
69		○	
70		○	
71		○	
72		○	
73		○	
74		○	
75		○	
76		○	
77		○	
78		○	
79		○	
80		○	
81		○	
82		○	
83		○	
84		○	
85		○	
86		○	
87		○	
88		○	
89		○	
90		○	